中国传统服饰文化系列
非遗文化与技艺丛书

锦秀非遗

纺织服饰文化研究

太扎姆◎主 编

朱利容◎副主编

U0241660

中国纺织出版社有限公司

内 容 提 要

本书为一部纺织服饰非遗论文集，从纺、染、织、绣、印等非遗文化出发，针对纺织非遗传承人保护的典型案例、纺织非遗在职业教育中的典型案例进行分析，对我国纺织非遗保护与传承的发展现状、取得的成效、值得思考的问题进行经验总结，分析未来趋势，提出对策建议。本书对促进纺织非遗保护传承和传统工艺振兴，加强中华优秀文化成果、促进纺织产业融合与创新性发展具有重要意义。

全书图文并茂、内容翔实、针对性强，具有较高的学习和研究价值，不仅适合高等院校服装专业师生学习，也可供服装从业人员、研究者参考使用。

图书在版编目（CIP）数据

锦绣非遗：纺织服饰文化研究 / 太扎姆主编；朱利容副主编. -- 北京：中国纺织出版社有限公司，2024.11. --（中国传统服饰文化系列 非遗文化与技艺丛书）. -- ISBN 978-7-5229-2142-6

Ⅰ. TS941.12-53

中国国家版本馆 CIP 数据核字第 202404ND11 号

责任编辑：李春奕 责任校对：高 涵 责任印制：王艳丽

中国纺织出版社有限公司出版发行
地址：北京市朝阳区百子湾东里A407号楼 邮政编码：100124
销售电话：010—67004422 传真：010—87155801
http://www.c-textilep.com
中国纺织出版社天猫旗舰店
官方微博 http://weibo.com/2119887771
北京华联印刷有限公司印刷 各地新华书店经销
2024年11月第1版第1次印刷
开本：787×1092 1/16 印张：15.75
字数：250千字 定价：88.00元

凡购本书，如有缺页、倒页、脱页，由本社图书营销中心调换

编委会成员

主　编　太扎姆

副主编　朱利容

编　委　阳　川　李晓岩　吴　杰
　　　　　赵　爽　尹　凤

目 录

我国省级以上纺织类非遗名录分类及分布情况分析[1]

刘芹[2]

（上海工程技术大学，上海，201620；同济大学，上海，200092）

摘要： 本文采用文献分析、统计分析、比较等研究方法对我国省级以上纺织类非遗项目名录的分类及其分布情况进行调研分析，对纺织类非遗项目名录提出七分法的二级分类方法。在二级分类下根据材料、工艺、功能的不同进行三级分类，并从中发现不同类别的纺织类非遗项目分布情况与原材料产地、民族聚集有重要的关系。本文调研结果可为纺织类非物质文化遗产保护研究提供参考。

关键词： 纺织类非遗项目，分类，分布

一、我国省级以上纺织类非物质文化遗产项目统计情况

浙江河姆渡文化遗址考古发现雕有四只栩栩如生的蚕纹象牙盅形器，说明早在约7000年前就出现丝绸文化的遗存。卫斯在《中国丝织技术起始时代初探——兼论中国养蚕起始时代问题》中提出从良渚文化和仰韶文化遗址的考古中发现中国人工养蚕至少有5300多年历史，丝织技术产生可能超过5500年。可见，我国是世界上很早就掌握了纺织技术的国家之一，随着织绣技术逐渐精湛，在海内外声名鹊起。如刺绣技艺早在虞舜之时已产生，到19世纪中叶已达到成熟，各地刺绣技法和艺术风格不一，其中湘绣、蜀绣、粤绣、苏绣成了我国传统四大名绣，纺织品也成了"丝绸之路"上

---

[1] 2020国家民委民族研究项目（2020-GMD-074）；上海市设计学IV类高峰学科建设项目；上海市重点课程《特装展台设计》建设项目。

[2] 刘芹，女，汉族，生于1981年，博士，教授，研究方向为环境设计与非物质文化遗产保护交叉研究。现为上海工程技术大学艺术设计学院副院长，同济大学上海国际设计创新研究院研究员。

对外贸易的重要商品之一。

　　我国有56个民族，地域辽阔，物产丰富，地域文化、民族文化异彩纷呈。在纺织领域也产生了各种各样的纺织技术，形成了丰富的纺织艺术特征。历经几千年的发展，我国纺织技术和艺术日趋成熟。传承下来的诸多传统纺织技艺因其技艺的精湛，被入选为联合国级、国家级、省级的非物质文化遗产（以下简称"非遗"）项目名录。从中国非物质文化遗产网和各省市非遗官网上，截至2022年，对我国省级以上纺织类非遗项目名录进行整理，对同名称名录的按等级最高的进行归类统计，入选联合国非遗名录的项目有42项，其中纺织类有3项，约占10%；国家级非遗名录项目共3610项，其中纺织类有174项，占4.8%（图1）。我国34个省、自治区、直辖市的省级非遗项目中纺织类非遗项目共412项，其中西南、西北及江南地区的纺织类非遗项目较多（图2）。我国省级以上的纺织类非遗类名录项目总计589项。

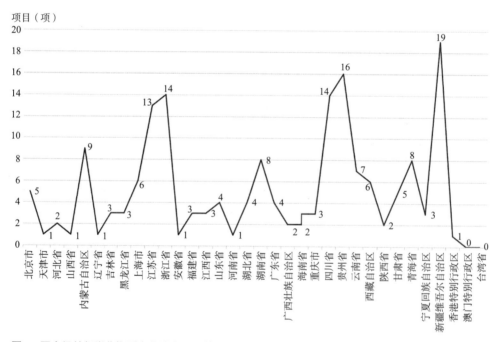

图1　国家级纺织类非物质文化遗产项目数量

　　联合国教科文组织《保护非物质文化遗产公约》中对非物质文化遗产所涵盖内容划分为五类：①口头传统和表现形式；②表演艺术；③社会实践、礼仪、节庆活动；④有关自然界和宇宙的知识和实践；⑤传统手工艺。依据公约中的分类，每个国家都制定了各国非遗分类方法，我国国家级非物质文化遗产名录分为十大类：民间文学，

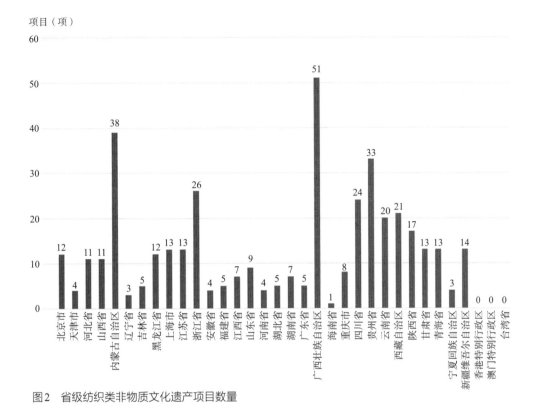

图2　省级纺织类非物质文化遗产项目数量

传统音乐，传统舞蹈，传统戏剧，曲艺，传统体育、游艺与杂技，传统美术，传统技艺，传统医药，民俗。我国174项纺织类国家级非物质文化遗产主要归属在传统美术、传统技艺与民俗三大类中。通常以审美为主要功能的归在传统美术中，如刺绣类等。以实用为主要功能的常归在传统技艺中，如织造类通过织的技术造出可以使用的布或毯。而服饰类基本归在民俗中，比如各类民族服饰是人们在节日庆典的民俗活动中不可或缺的一部分，将服饰归在民俗中体现了非遗的文化整体性特征。从国家级和省级的纺织类非遗名录分类来看，刺绣类非遗名录最多，在国家级名录中约占40%，在省级名录中约占24%。其次是织造类，在国家级名录中占26%，在省级名录中约占24%。第三是服饰类，在国家级名录中占17%，在省级名录中占18%（表1）。

表1　不同类别和级别的纺织类非遗项目统计（同名称名录的按等级最高的统计）　单位：项

国家级非遗名录一级分类	本文二级分类	联合国级数量	国家级数量	省级数量	合计
传统技艺	印染类	0	13	35	48
传统技艺	织造类	2	45	99	146

国家级非遗名录一级分类	本文二级分类	联合国级数量	国家级数量	省级数量	合计
传统美术、传统技艺	刺绣类	0	69	101	170
传统技艺	缝纫类	0	16	75	91
民俗	服饰类	0	30	75	105
传统美术	纺织艺术类	0	1	23	24
传统技艺	综合技艺类	1	0	4	5
合计		3	174	412	589

二、我国纺织类非遗项目的分类情况

（一）纺织类非遗项目名录的二级分类

目前我国非遗项目名录只有一级分类，纺织类非遗项目主要归属在传统美术、传统技艺与民俗类别中。然而纺织类非遗项目数量多，种类也不同。在古代，随着纺织技术的成熟，我国传统纺织行业已衍生了细分市场，如织行、布庄、裁缝店、成衣店、染坊、绣庄等。这种细分也影响了当下纺织类非遗的分类。在2009年中国非物质文化遗产传统技艺大展中将纺织类非遗归在"织染纫绣"单元中，从单元名称能看出将纺织类非遗又根据技艺不同分为织、染、纫、绣四大类❶。本文借鉴古今对纺织行业或纺织类非遗名录的分类办法，对我国省级以上的纺织类非遗名录进行二级分类。

我国省级以上纺织类非遗项目名录，按照工艺不同，可以分为印染类、织造类、刺绣类、缝纫类、综合技艺类；根据使用材料和技艺相似性，将主要用于家居陈列、穿戴装饰等类目归纳为纺织艺术类，如大布江拼布、阳新布贴、曲阜大庄绢花制作技艺等。在民俗类别中的纺织服饰类根据文化属性不同，仍旧单列一类。本文对我国纺织类非遗项目根据工艺和文化属性不同，将其分为印染类、织造类、刺绣类、缝纫类、综合技艺类、服饰类、纺织艺术类七类。在这七分法的二级分类下有些类别又根据材料、工艺等不同进行了三分法（表2）。本文对我国省级以上纺织类非遗项目名录进行归类比较，发现纺织类非遗项目的分布与原材料的产地有紧密联系。

---

❶ 刘芹. 非物质文化遗产展陈设计策略：传统手工艺类［M］. 上海：上海交通大学出版社，2022：59.

表2 省级以上纺织类非遗项目分类方法

二级分类（七分法）		三级分类	
依据	类别	依据	类别
根据工艺不同	印染类	根据工艺不同	蓝靛印染
			蜡染
			扎染
			其他
根据工艺不同	织造类	根据材料、工艺、功能不同	棉织类
			丝织类
			毛织类
			麻织类
			织锦类
			编织类
			织毯类
			其他
根据工艺不同	刺绣类	根据民族/地域、材料不同	不同民族/地域刺绣
			发绣
			马尾绣
根据工艺不同	缝纫类	根据功能不同	服装类
			帽类
			鞋靴类
			戏曲服饰类
			其他
根据工艺不同	综合技艺类	项目不多暂不分类	无
根据文化属性不同	服饰类	根据民族不同	少数民族及地方服饰
			汉族地方服饰
根据文化属性不同	纺织艺术类	项目不多暂不分类	无

（二）纺织类非遗项目主要类别的区域分布情况

江南地区因为养蚕历史久远，缫丝技艺成熟，以丝为原材料的纺织技术与艺术较为发达，如蚕丝织造技艺、濮绸织造工艺、双林绫绢织造技艺、都锦生织锦、宋锦织造技艺、苏州缂丝织造技艺等，以及具有地域特色的刺绣，如苏绣、杭州刺绣等。此外，黄道婆将崖州的棉纺技术带到江南一带，并进行改良提升，大大推动了江浙一带棉纺业的发展，所以江南地区以棉为原材料的织造、印染等纺织类非遗项目也比较多，比如该区域各地的土布制作、蓝印花布等。江南地区省级以上的织造类、印染类、刺绣类等纺织类非遗项目有89项，占全国的16%，特别是丝织类非遗项目全国有名。

西南地区植物繁茂，少数民族多，不同地方和民族形成了各自的纺织技艺，其中最为显著的要数植物印染类，高达28项，占全国印染类非遗的58%。该区域的织布、织锦以及刺绣在全国也是最多的，分别占全国织造类的29%，刺绣类的26%，其中刺绣的特点主要源于民族文化艺术的不同，以不同民族刺绣项目居多。西南地区是我国少数民族最多的区域，少数民族有着各自的服饰缝纫技艺和服饰文化，该地区的缝纫和服饰类名录也是最多的，分别占全国的35%和32%。总体来说，西南地区的纺织类非遗项目是全国最多的，总量占全国的32%。

西北地区的纺织类非遗项目与江南和西南地区相比最大的特点是印染类很少，只有3项。究其原因，我国传统印染的染料源于植物，而西北地区因为气候原因植物生长环境不好，缺乏掌握印染技艺的基本环境。西北地区也是我国少数民族聚居区，少数民族的服饰、刺绣也是该地区主要的纺织类非遗项目，服饰类占到全国的51%，刺绣类占27%。该地区的织造类非遗项目不仅数量不少，占全国的31%，而且独具特色，因该地区牛羊畜牧产业资源丰富，衍生了以毛线为原材料的编织、纺织技艺，主要以织毯、制毡为多，如神木手工地毯制作技艺、天水丝毯制作技艺、西宁丝毛挂毯制作技艺等，见表3。

表3　省级以上纺织类非遗项目的区域分布情况

地区	类别					合计
	印染类	织造类	刺绣类	缝纫类	服饰类	
江南地区（江苏、浙江、上海、安徽）						
江南地区（项）	9	30	26	21	3	89
全国（项）	48	146	170	91	105	560
占比（%）	19	21	15	23	3	16

地区	类别					合计
	印染类	织造类	刺绣类	缝纫类	服饰类	
西南地区（云南、贵州、广西、四川、重庆）						
西南地区（项）	28	42	44	32	34	180
全国（项）	48	146	170	91	105	560
占比（%）	58	29	26	35	32	32
西北地区（陕西、西藏、甘肃、青海、内蒙古、宁夏、新疆）						
西北地区（项）	3	45	46	19	54	167
全国（项）	48	146	170	91	105	560
占比（%）	6	31	27	21	51	30

（三）纺织类非遗名录项目三级分类与分布情况

纺织类非遗项目产生受自然环境、地域文化、民族文化等综合因素影响。在纺织类非遗的七大类中，根据材料、工艺、民族、地域等不同进行三级分类。

根据工艺不同，印染类非遗项目可分为蓝靛印染、蜡染、扎染、其他等四类。我国省级以上的48项印染类项目中数量最多的是贵州，占了12项，其次是浙江、广西、四川，各占5项。以蓝靛作为染料的项目有12项，其中国家级占3项。在这四个省区共8项，浙江省有4项，其中1项为国家级，如浙江蓝印花布印染技艺、贵州布依族蓝靛染织技艺等。其次是蜡染类全国总量有9项，国家级有5项，这四个省区有7项，其中贵州占5项，且4项是国家级的。最后是扎染类全国总量7项，分布在各省，国家级有2项，见表4。

表4　省级以上印染类非遗项目类别分布情况　　　　　　单位：项

类别	蓝靛印染	蜡染	扎染	其他	合计
数量	12	9	7	20	48
主要分布区域	江南、西南	西南	西南		

织造类非遗项目根据材料和工艺、功能不同，分为棉织类、丝织类、毛织类、麻织类、织锦类、编织类、织毯类、其他，共八类。纺织织造类技艺的成品主要以布、毯、毡、花边等产品呈现。146项省级以上织造类非遗项目中，以棉花为材料的织造技

艺，包括土布、棉布、花布、棉纺织等，共36项，主要分布在江南、东南、西南地区，其中国家级8项。丝绸织造技艺有11项，其中国家级占8项，国际级1项，主要分布在浙江和江苏。毛纺织及擀制、制毡等技艺有16项，主要分布在西北地区，其中国家级占3项。以苎麻为材料的织造技艺，包括夏布、麻布等，共12项，其中国家级占2项，主要分布在江西、川贵等地区。织锦类24项，主要聚集在西南和江南地区，其中国家级11项，国际级1项。编织类22项，以毛线类为主要材料，主要分布在西北地区，其中2项国家级项目。织毯类全国共18项，其中国家级的8项；有毛和丝两种，以羊毛为材料的居多，有挂毯、地毯等种类，主要分布在畜牧业为主的西部地区，见表5。

表5 省级以上织造类非遗项目类别分布情况 单位：项

类别	棉织类	丝织类	毛织类	麻织类	织锦类	编织类	织毯类	其他	合计
数量	36	11	16	12	24	22	18	7	146
主要分布区域	江南、东南、西南	浙江、江苏	西北	江西、川贵	西南、江南	西北	西部		

省级以上的刺绣类非遗项目有170项，从项目的命名来看，主要以不同民族、不同地域刺绣为主，材料有丝线、棉线、毛线等。还有一种特殊的材料就是用人的头发和马尾作为刺绣材料，如东台发绣、温州发绣、水族马尾绣等共5项，见表6。

表6 省级以上刺绣类非遗项目类别分布情况 单位：项

类别	不同民族和地域的刺绣	发绣	马尾绣	合计
数量	165	3	2	170

缝纫类非遗项目根据成品功能不同，分为服装类、帽类、鞋靴类、戏曲服饰类、其他五类。91项省级以上缝纫类非遗项目中，主要以不同材料、不同民族、不同样式的服装为主，共52项，其中旗袍5项，制帽8项，鞋靴制作16项，戏曲服饰11项，缝布、香包、绣球等艺术4项，见表7。

表7 省级以上缝纫类非遗项目类别分布情况 单位：项

类别	服装类	帽类	鞋靴类	戏曲服饰类	其他	合计
数量	52	8	16	11	4	91

服饰类非遗项目主要根据民族不同分类，在同一民族服饰中又根据地域不同进行命名，主要以少数民族及地方服饰为主，共100项，主要分布在少数民族聚集的西南、西北和东北地区。其中蒙古族、藏族的地方服饰品类最多，其次是苗族、瑶族，而汉族地方服饰仅有5项，见表8。

表8 省级以上服饰类非遗项目类别分布情况 单位：项

类别	少数民族及地方服饰	汉族地方服饰	合计
数量	100	5	105
主要分布区域	西南、西北、东北		

三、结语

对我国省级以上纺织类非遗项目名录根据工艺、文化属性不同提出七分法的二级分类方法，即印染类、织造类、刺绣类、缝纫类、服饰类、综合技艺类、纺织艺术类。在二级分类下根据材料、工艺、功能等不同，对印染类、织造类、刺绣类、缝纫类、服饰类主要的五个类别进行三级分类。通过比较分析发现不同类别的纺织类非遗项目其分布情况与原材料产地、民族聚集有重要的关系。感谢上海工程技术大学硕士研究生刘玉菀、张佳晨、刘欢、李秋子为本文提供部分调研统计。

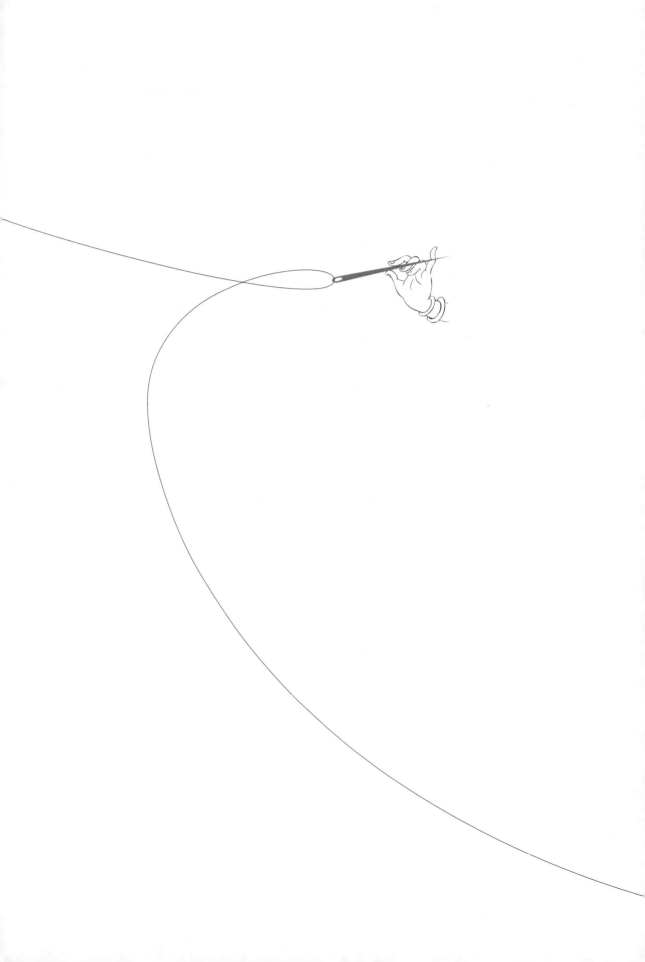

文化是魂，技艺是根，创新是驱动——蜀绣时尚永远在路上

朱利容

（成都纺织高等专科学校，四川成都，611731）

摘要：文章阐述了蜀绣始于商周，兴于蜀汉，盛于唐宋的历史发展脉络，介绍了清代蜀绣成熟的行业发展模式、独特的刺绣技艺和绣品风格，说明一代代蜀绣人将蜀绣技艺不断传承、创新，并一直坚守文化的魂、技艺的根、创新的驱动力。蜀绣时尚在当代也已成为蜀绣从业人深烙的文化基因，扎深技艺根脉，紧跟时代步伐的创新行动，并永远在路上。

关键词：蜀绣，历史，文化，发展，技艺，创新

一、悠久的历史文化

蜀绣是中国四大名绣之一，始于商周，兴于蜀汉，盛于唐宋。

（一）蜀绣的历史起源——始于商周

据《尚书》记载，远在3000多年前我国的章服制度，就有"衣画而裳绣"的记载。周代有"绣缋（同绘）共职"的记载。东周已设官专司其职，至汉已有宫廷刺绣。目前考古发现的刺绣实物最早可追溯至商周时期，陕西宝鸡茹家庄出土的周穆王时期的丝织与刺绣品遗痕，品种有以变化斜纹为底纹的提花菱纹绮和辫绣针法的刺绣。从绣品遗痕看西周刺绣工艺是绣与绘结合，先用黄色丝线在染过颜色的丝绸上绣出花纹，然后再以红、黄等色涂绘空出部位。

蜀绣是以四川成都为中心地区的手工刺绣的总称。蜀绣技艺主要分布于四川成都、遂宁、绵阳、乐山、南充及重庆等地。蜀绣与苏绣、湘绣、粤绣齐名，为中国四大名绣之一（图1）。

在1986年、2021年四川广汉三星堆两次考古发现中，检测出距今约3500年前后中国商周同时期的古蜀文明时期的丝绸蛋白质DNA残核，还有其出土的青铜大立人

衣服上饰有大量的纹饰，而以当时的纺织工艺水平不可能织出这种纹饰，极大可能是刺绣。学者们对三星堆文物的考古研究则将蜀绣上溯到距今约3500年前的古蜀三星堆文明时期。

图1　国家级非物质文化遗产代表性项目蜀绣代表性传承人，国家级工艺美术大师孟德芝蜀绣作品

蜀绣起源于川西平原，因四川古称"蜀"，故川西的刺绣称为"蜀绣"。东汉许慎的《说文解字》中对蜀的解释是"蜀，葵中蚕也"，是说"蜀"就像一只蚕在宽大的桑叶中慢慢爬行着的样子。清代汉学家段玉裁在他的《宁县志》中说："蚕以蜀为盛，故蜀曰蚕丛，蜀亦蚕也。"有了蚕就诞生了丝织品。

古代的川西，正是因为种桑养蚕业发达，才被人称为"蜀国"或"蚕丛国"。《华阳国志·巳志》记载："禹会诸侯于会稽，执玉帛者万国，巴蜀往焉"。《史记》说：春秋时代初期，蜀地已和秦国通商，蜀人用麻织成的蜀布、用蚕丝织成的丝帛等都曾远销到秦国的都城"雍"。有了发达的桑蚕业，织造业应运而生，而蚕丝织品的出现，为刺绣的兴起创造了条件。

蜀绣的发展跟蜀地所处的地理环境有关，蜀地土地肥沃，气候宜人，物产丰富，很适合种桑养蚕，这些都为丝绸及蜀绣的发展奠定了坚实的物质基础。

战国时期中原战乱，丝绸业向西部转移，丝帛锦绣在蜀地成为稳定的生产后方。

（二）蜀绣历史发展初期——兴于蜀汉

西汉文学家扬雄曾在《蜀都赋》中高度赞扬蜀地刺绣的精湛技艺："若挥锦布绣，望芒兮无幅"，"锦绣"之说源于此，展示了当时成都"挥肱织锦，展帛刺绣"的精彩场面。这是最早记载蜀地有绣的文献，从这一记载里我们不难看出，蜀绣至少在西汉时期（距今2000多年）已经具有相当发达的水平和民间生产规模。汉代在成都设置锦官，管理蜀锦和蜀绣等丝织品的生产（图2）。

《后汉书》记载，西汉末年蜀绣"女工之业，覆衣天下"，说明蜀绣已驰名天下。

三国时期，蜀汉用蜀锦蜀绣换取战马和物资。在曹丕的《与群臣论蜀锦书》中，诸葛亮"今伐敌之资，惟仰锦尔"。三国、魏晋时期丝帛锦绣是蜀国的经济支柱，蜀汉财政收入的三分之二是靠锦绣制品赚取的，可以说蜀锦蜀绣占据了蜀国经济的半壁江山。

图2　湖南长沙马王堆出土汉代"长寿绣"

两晋时期，战祸殃及中原，蜀地偏僻而独安，在这种偏安的环境里，有利于蜀绣的发展。民间刺绣兴盛，刺绣品已为蜀地的一大特产，被人视为珍宝。西晋人常璩所著《华阳国志》把蜀绣与金、银、珠、碧、锦等并列，誉为蜀中之宝，供奉朝廷。

（三）蜀绣历史发展兴盛期——盛于唐宋

唐代安史之乱后，章服等级制度开始瓦解，丝布也变成了平民的日常衣料，应用范围也越加广泛。唐文宗大和三年，南诏国（今云南一带的古代王国）进攻成都，掠夺对象除了金银、蜀锦、蜀绣，还大量劫掠蜀锦蜀绣工匠，视之为奇珍异物。他们知道金银是有限的，而变金生银的手艺却是无限的，所以他们进入巴蜀之后，并没有一门心思去抢掠金银珠宝，而是专门掳掠锦工、绣工等工匠。从此，蜀绣的传播范围不断扩大，少数民族也"工文织"。

蜀绣的发展基于蜀地富饶，尤其是所产丝帛质好量大，著名的南丝绸之路便始发于成都，随着丝绸之路的贸易往来，蜀绣迅速发展，达到历史上的高峰。

唐宋时"茧丝织文纤丽者穷于天下"（《宋史·地理志》）。成都繁华富丽，生活享乐而艺能有所工，史称"成人多工巧，绫锦雕缕之妙，殆牟于上国"（《隋书·地理志》）。蜀地良好的社会物质条件与优裕的精神氛围使得绣艺妙绝天下。

四川郫都区刺绣在唐代作为贡品进入宫廷，成为皇帝奖赏功臣的主要物品。

宋代，天下重归一统，虽金兵侵扰中原，但蜀地社会还比较安定。朝廷开始设立"文绣院"，招纳天下顶级的绣工专门为皇室绣制服饰，帝王贵胄，达官富人，享乐之风盛行，刺绣需求量增大，刺绣技艺也随之提高。《全蜀艺文志·卷三十四》记述蜀中"织文锦绣，穷工极巧"，不但工精，影响力更深更广。据《皇朝通鉴长篇记事本末·卷十三载》："蜀土富饶，丝帛所产，民制作冰、纨、绮、绣等物，号为冠天下"。足见当时蜀地丝织品与刺绣品的发展水平。

二、成熟的行业发展模式

蜀绣经过世代相传，技艺不断完善，风格逐渐形成。清道光以前，散布在广大民间的蜀绣已相当普遍，参与人员众多。除闺阁女红外，逐渐出现了专业刺绣人员，并产生了许多小型的刺绣作坊。于是，刺绣行业的形成就有了一定条件。

清道光年间（1830年前后），为适应刺绣业的民间组织"三皇神会"成立。"三皇神会"成为刺绣业的领导机构，由铺（店主）、料（领工）、师（工人）组成。"三皇神会"制订奉祀条规，维护行业利益，调解行业内部纠纷。当时，绣工逐步形成了三个刺绣业别，分别是：穿货、行头（剧装）、灯彩。穿货业主要生产黼黻、霞帔、挽袖及其他实用品；行头以刺绣剧装、神袍为主；灯彩专做供红、白喜事用的围屏、彩帐等，并开设租赁业务。穿货业人员逐渐增多，品种也有所增加，产量加大，技艺不断提高，有了平金、打籽、平绣等技术。

光绪二十九年（1903年）在四川劝业道道台沈秉坤、周孝怀先后的主持下，成立了四川省劝工总局，劝工总局内设刺绣科，由善画懂绣的张绍洰领导。刺绣科有技艺较高的刺绣人员六十余人。劝工总局的成立，为刺绣发展创造了有利条件。

三、独特的刺绣技艺和绣品风格

在劝工局内，张绍洰和绣工们一起潜心研究刺绣技艺和图案设计。在他的领导下，为适应刺绣欣赏品的需要，创造了许多新针法，废除了一些陈旧呆板针法，在原有针法的基础上，创造了晕针（即今普遍使用的二三针、二二针、全三针）。晕针使用价值高，应用广，便于浸色。晕针的出现与应用使绣品的色彩为之一变，克服了以前浸色生硬的缺点，增强了蜀绣的表现力。

至清朝中叶以后，蜀绣逐渐形成行业，尤以成都九龙巷、科甲巷一带的蜀绣著名。清道光年间成都发展出了许多绣花铺。

蜀绣绣品以本地织造的红绿等色缎和本地产真丝散线为原料。其用线工整厚重，设色典雅，针法特色为"针脚整齐、线片光亮、紧密柔和、车拧到家"。产品有官服、镜帘、花边、嫁衣、卷轴、鞋帽、裙子、枕套、被面、帐帘、条屏、礼品等

（图3～图8）。题材多吉庆寓意，具有民间色彩。当时各县官府所办的"劝工局"也设刺绣科，可见其制作范围之广。

图3 清代白鸟图绿提花缎袄（四川大学博物馆藏）

图4 清代织八宝紫绸女裤（四川大学博物馆藏）

图5 清代花蝶团鹤图红三纺缎马面裙（四川大学博物馆藏）

图6 清代什锦红湖绉袄（四川大学博物馆藏）

图7 清代鹭鸶闹莲图黑三纺缎女上衣（四川大学博物馆藏）

图8 清代贴团花白鹤黑缎女帔（四川大学博物馆藏）

蜀绣历经无数代人的传承发展到今天，以其纯熟的工艺和细腻的线条跻身于中国的四大名绣之列。以自然界为主题（如熊猫、花鸟）的蜀绣更令人爱不释手。蜀绣有单面（图9～图11）、双面刺绣（图12～图15），纯手工刺绣，画面逼真，造型多变，

图9 单面绣《川剧变脸》（郝淑萍绣）

图10 原蜀绣厂绣制的锦纹针单面绣作品《西天取经》

图案精美。当今蜀绣绣品中，既有巨幅条屏，也有袖珍小件；既有高精欣赏名品，也有普通日用消费品。比如北京人民大会堂四川厅的巨幅"芙蓉鲤鱼"座屏和蜀绣名品"蜀宫乐女演乐图"挂屏、双面异色的"水草鲤鱼"座屏、"大小熊猫"座屏，就是蜀绣中的代表作。

图11　单面绣《昭君出塞》

图13　双面绣《熊猫》

图12　双面绣《牡丹》

图14　双面绣《荷花猫鱼》（孟德芝绣）

图15　双面绣《芙蓉12条鲤鱼》（郝淑萍、吴光英、吴玉英、陈忠丽绣）

四、创新是驱动——蜀绣时尚在路上

纵观历史，刺绣在历史上的传承之路都是发展创新之路，蜀绣的技艺在传承中不断创新，刺绣针法与绣法技艺不断发扬光大，刺绣文化一脉相承，在不同文化背景下也有了新的语义，并世代相传。到今天，中国刺绣文化的魂、技艺的根仍牢牢扎在中国大地上，越来越多的刺绣传承人懂得了这个道理，其技艺与时代同向同行，不断在守正中创新发展。

什么叫时尚？时尚是指当时的风尚，时兴的风尚，当下所崇尚的事物。

时尚表现为服装服饰穿着打扮、室内外装饰装潢、家居陈设、消费习俗、待人接物、精神文化等风尚。因此时尚的外延是广泛的，表现在生产生活的各个领域。时尚的特点是具有时代性、创新性。

纵观中国刺绣的历史长河，刺绣的时尚性表现在刺绣技艺与当时的风尚一直结合得非常紧密，例如：顾绣与当时文人雅士及社会崇尚的中国画结合；苏绣（以沈寿、杨守玉为代表的仿真绣）与当时西洋绘画的油画、素描等结合。蜀绣在坚守传统技艺和紧跟时代潮流中一直向前走。

蜀绣应用于各朝代的服装服饰、被面、枕套等（图16~图18），蜀绣艺人创造出130余种刺绣针法，其中包括最具特色的系列锦纹绣技艺。

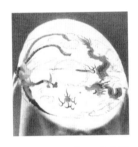

图16　龙凤台面（四川省博物院藏）　　图17　喜鹊牡丹红缎被面（蜀江锦院藏）　　图18　清代眼镜盒（四川省博物院藏）

蜀绣产品随时代的变迁更迭从生活类发展到装饰艺术类，蜀绣技艺也逐步形成"施针严谨、线片光亮、针脚整齐、掺色柔和、车拧自如、劲气生动、虚实得体"的特色。蜀绣技艺的延续性通过以彭永兴为代表的几代男工绣传承下来，郝淑萍、孟德芝、杨德全、邬学强、袁伟等大师不断传承创新针法绣法技艺，在产品的设计上不断适应时代发展，创作出大量优秀的蜀绣高精尖作品（图19～图21）。

图19　国家级蜀绣非遗传承人、国家级工艺美术大师郝淑萍工作室作品

图20　国家级蜀绣非遗传承人、国家级工艺美术大师孟德芝工作室作品《秋色高原》

图21　省级蜀绣非遗传承人、国家级工艺美术大师杨德全大师作品

五、传统刺绣技艺紧跟时代的创新发展路径——文化是魂，技艺是根，创新是驱动力

保留文化基因，扎深技艺根脉，是当下传统文化、传统技艺要坚守住的底线。但同时产品创新发展要与时俱进，设计出符合当下人们社会生活及审美时尚需求的产品。蜀绣产品设计是综合性的设计，也需要进行综合分析。

（1）分析当下的时尚内涵：中国优秀传统文化的精髓，各阶层人们消费观念、水平，精神与物质追求的风尚标向。

（2）分析各地区、地域文化特点，刺绣技艺的不同及相同性，找出差异化、特色化。

（3）分析刺绣所依托的原材料的特性，"因材施技"，实现技艺与材料完美结合。

（4）分析产品的消费阶层，分层、分类针对性开发。在传统技艺要求上，收藏、馆藏品（经典）技艺要求最高，时尚、消费品（实用）技艺要求其次，跨界、文创品（融合）技艺要求最低。

（5）蜀绣文化生态培育。

第一，通过高等院校、职业院校专业化培养设计、技艺传承创新人才，以"教授＋大师""设计＋技能""师徒传习""因材施教""技艺双修"等模式培养新时代蜀绣传承创新人才。

第二，通过企业社会培养、继续教育培训方式，提升从业者技术与艺术设计的契合度，审美综合素养。

第三，通过文化认同群体的培育，提高小学生、中学生及成人对中国优秀传统文化的认知，使优秀传统文化根植、发芽、开花、结果，在文化的自信、自觉、自强中发展蜀绣文化产业，使其永葆青春活力。

六、时尚永远在路上——刺绣产品创新研发实践案例

蜀绣作为中国非物质文化遗产，承载着深厚的历史文化内涵。传统蜀绣产品可能因款式陈旧、功能单一而难以吸引现代消费者。蜀绣产品创新开发可以为蜀绣注入现代审美元素和实用性，使其更符合当下市场需求，拓展销售渠道，实现商业化发展（图22～图24）。

图22 成都市靖绣缘蜀绣有限责任公司创新产品——现代时尚服装服饰

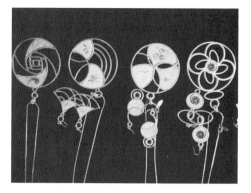

图23 成都市靖绣缘蜀绣有限责任公司创新产品——装饰隔帘

图24 西南民族大学艺术基金蜀绣创新人才培养项目学员作品

　　成都纺织高等专科学校服装学院蜀绣研究中心成立于2009年，十多年来一直致力于蜀绣文化、技艺研究、蜀绣产品创新研发、蜀绣人才培养及社会服务工作。以下作品为蜀绣研究中心部分师生作品（图25～图32）。

图25　成都纺织高等专科学校蜀绣研究中心袁伟大师蜀绣作品——收藏工艺品

图26　成都纺织高等专科学校蜀绣研究中心学生绣制的单面绣作品

图27 成都纺织高等专科学校蜀绣研究中心学生绣制的双面绣作品

图28 成都纺织高等专科学校蜀绣研究中心学生设计创作的刺绣钟、装饰小座屏与首饰盒

图29 成都纺织高等专科学校蜀绣研究中心学生设计创作的刺绣家纺产品

图30　成都纺织高等专科学校蜀绣研究中心学生毕业设计作品——蜀绣婚礼服系列

图31　成都纺织高等专科学校蜀绣研究中心学生设计创作的披肩、服饰

图32 成都纺织高等专科学校蜀绣研究中心学生毕业设计作品
——蜀绣时尚配饰

中华优秀传统文化传承视域下乡城"疯装"服饰的传承与研究

太扎姆，王燕，胡毅

（成都纺织高等专科学校，四川成都，611731）

摘要："疯装"是甘孜藏族自治州乡城县的一种独特的藏族服装，是西南少数民族服饰中极具特色的非物质文化遗产之一，它的出现与其自然地理环境、社会经济条件、民族独特文化等因素有着密切的关系。本文对1289名乡城居民进行了问卷调查，深入省级乡村旅游示范村色尔宫村访谈并调研分析"疯装"的成因和文化寓意、形制结构，结合非遗传承和创新，提出"疯装"的保护、传承和应用建议。

关键词：中华优秀传统文化，服饰传承，乡城"疯装"

乡城县，位于四川省西部，隶属于四川甘孜藏族自治州。乡城有"三绝"——田园"白藏房"，"桑披岭寺"，乡城服饰"疯装"。"疯装"是甘孜乡城的一种独特的服装，在乡城当地对"疯装"有两种叫法，"楚且"（意为氆氇装）与"俄热"，意思是夏天的衣服与冬天的衣服。"疯装"最初形成于唐朝文成公主远嫁吐蕃，唐蕃结为姻亲之好时期，定形于丽江纳西族木氏土司统治时期，由纳西族妇女所穿的齐膝围裙演变而来。它融合了汉族、纳西族和藏族的民间服饰风格，是唐代宫廷妇女服饰、纳西族妇女服饰和当地藏族服饰的结合。它不仅是乡城女子节庆嫁娶时的必备重要服饰，更是河谷祖辈桀骜不驯的个性智慧的历史见证，反映了"文成公主进藏"等重要史实，同时也是川滇茶马古道的一个重要史实，是历史文化财富中独特的一笔。它的形成与甘孜州乡城地区民族独特文化、当地所居住的自然地理环境、社会经济条件等密不可分。

一、"疯装"简介

（一）设计和种类

藏族服装是一种传统服装，其特点是正面大，袖子长，腰部宽。主要有藏裙、藏袍、藏服等。其中比较独特的是四川乡城县农村妇女的服装，包括一种妇女穿的藏裙，被称为"疯装"，也被其他藏区人戏称为"疯子的装束"。它属于连衣裙类型，这类裙子的颜色主要是黑色和青色，衣领和袖子的配色方案是紫色。"疯装"裙子里面有54个褶皱，外面有54个褶皱，背面总共有108个褶皱，正面是直的圆柱形。在双肘三分之一处镶有一片彩色布料，袖边嵌一小块寸许靛青色布，其裙身背部嵌50cm见方绣有称为"公热"（藏语音译，有些地区叫法不同）的绿色垫背（图案多为吉祥符号），裙镶有约1cm粗的红色羊毛条。

（二）用料和色彩

"疯装"所用的材料通常是用羊毛织成的氆氇，且氆氇是顶级的。一般是由牛和羊毛编织而成，需要大约7m的织物，而且制作精细，通常由五颜六色的材料制成。

裙身以褐紫色为主，衣领和袖子的颜色多为靛蓝，其他颜色属于藏地的八种颜色（白、黑、红、黄、蓝、绿、金、银）。"疯装"的左右两侧装饰着金色天鹅绒、红色、黄色、绿色、黑色和五块织物，形成一个三角形。五色代表财富、长寿、土地、先知和牲畜，可以说是当地财富和财产都是可以佩戴的。

（三）穿法和配饰

"疯装"的穿着方法与普通藏族妇女服饰的左襟在里、右襟在外截然相反，它在穿着时是左襟在外、右襟在里。妇女们在穿着时会选择性地穿内衬衬衫，女士衬衫多选用印花绸缎，且翻领居多。当地人通常还会在腰上围上藏语中被称作"邦典"的围裙。"邦"在藏语里是"怀"或"胸"的意思，"典"在藏语中是"垫子"的意思，"邦典"在藏语中的意思就是保护胸前的垫子。其基本样式有色彩和无色彩相间的拼接横条纹，均为0.5cm×18cm范围大小的长方形横织纹丝或毛织布，有的在边缘以吉祥纹和竖条纹的装饰彩条为辅助，款式基本固定，人们穿着时有时还会搭配穿着独特的彩色氆氇长坎肩，作用是勾勒出女性曲线之美。

"疯装"的配饰也有讲究，一般两耳角上挂数根珊瑚枝，脑后挂"麦异"，胸前至少佩戴两串珊瑚项链，短的称为"龙嘎"，长的称为"扎嘎"，其意为"内项链"和"外项链"。胸前佩戴圆形黄金装饰品，称为"嘎乌"，它的形状、大小不尽相同。"嘎乌"是小型的佛龛，龛中供设佛像，通常制成小盒形，佩戴于颈上。腰间右侧依次佩戴纯金或纯银打造的"萨邛"，其次是"依绒"，最后是"洞勒"，其中"洞勒"是用上等贝壳镶嵌于红色或绿色氆氇布料的装饰品，在其他地区非常少见。

二、"疯装"的文化寓意

（一）自然崇拜的思想

在藏族的原始宗教中，服饰是重要的道具之一，原始宗教的影响促进了藏族服饰文化的形成。藏族人民对于神化的配饰有独到的理解，他们相信佩戴上这样的神物能够给自身带来吉祥如意的生活。

"疯装"使用的材料颜色大多呈绿色、白色、红色、黄色、金色、银色、黑色和蓝色。在藏族人民心中，绿色是草原的颜色，贴近藏族人民的生产生活，也是一种"平民色"，象征着生机和活力，具有丰富的含义。白色是藏族服装中最常见的颜色之一，藏族人民认为白色代表云朵，是善良的化身，象征着好运和吉祥，承载着纯洁和清洁的含义。藏族人民，不分性别，都喜欢穿白色的绵羊毛夹克、白色的亚麻衬衫和白色的上衣。红色被藏族人民视为力量的象征，提到红色，就代表着僧侣追求完美的精神境界，不求外表、超脱，具有勇气和热情的含义。藏族人民认为黄色是大地的本色，象征着光明和希望，具有财富和收获、生机和活力的含义，以及强烈的宗教色彩，代表着佛陀的教义、恩典和意志。藏族人们认为，金银象征着庄严和财富，他们的服饰可以说是家庭财富。藏族牧民喜欢用黑色，其建筑门窗的边框均是黑色，黑帐篷是黑牦牛毛制作而成。藏族农村男女多穿着黑色氆氇藏装；藏族地区"藏蓝"或"藏青"色也是最为常见的色彩，蓝色是湖泊和蓝天的色彩，象征着高远和神秘，具有静穆和深远的寓意。"藏地八色"是藏族人民最常见到和尊敬的颜色，其中绿色、白色、红色、黄色和蓝色是人们经常用的五种颜色。如藏族服装的衣领、下摆和袖口的绿、白、红、黄、蓝，充分表达了藏族人民热爱生活和自然的质朴。

（二）美好生活的向往

"疯装"裙摆的褶皱多，共有内、外折共计108个，对应着佛教中的108颗佛珠，代表108种烦恼，而佩戴108颗佛珠，旨在消除108种烦恼，让自身的心态进入一种平和的状态，达到天人合一的效果。108颗佛珠分别蕴含着不同的意义，第一颗表示慈悲是最好的武器，第二颗是学佛学做人，第三颗表示沉默，是毁谤最好的答复……

诸如此类，每一颗佛珠都有其特定的含义。

"疯装"以"十字纹"图案氆氇为面料。在当地，十字纹有美满、富足之意，也象征着人们对美好生活的向往。在藏族服饰上经常可以看到各式各样刺绣精美的十字纹图案，如衣裙上、围腰下摆两角。人们对服饰寄予殷切的企盼，使之成为歌颂生命、祈求吉祥如意的载体。

（三）民族融合的标志

"疯装"融合了汉族、藏族、纳西族三个民族的风格，隐约给人一种唐代女装的魅力。在当地，它也被称为"热乌"。"疯装"主要是黑色或藏蓝色的，借鉴了纳西族女性所穿及膝围裙的形状特征，双袖肘处有一片彩色布料，占整个衣袖的三分之一，袖边嵌一小块寸许宽绿布，裙镶约1厘米粗的红色羊毛条，颜色对比强烈，相互呼应。乡城"疯装"借鉴和融合了唐朝宫女装和纳西女装的设计元素。翻开隋唐历史的扉页，我们知道当时服饰实行的是双轨制，在大的祭祀场合，人们穿汉人的传统衣服，而在平时，唐代的常服是胡服（即鲜卑装）。唐代妇女服装最大的特点是裙、衫、帔的统一。乡城妇女除了身着艳丽的"疯装"服饰外，还佩戴许多饰品，"疯装"牛皮腰带上挂海贝、牛骨以及各种铜制配饰也是其独特之处。

三、"疯装"的成因

（一）自然地理环境

服饰的选择很大程度上由地理环境决定，甘孜州乡城县属于农区，属大陆性季风气候，具有十分明显的地域性差异和垂直变化，昼夜温差大，雨量少而集中，干湿分明，干燥度大等特点，这种特殊的自然地理环境限制了藏族服装面料的选择，其服装面料主要为牛皮和氆氇。样式一般为宽腰，当地人的个头不算太高，身形较小，加上"疯装"的侧袖设计，更方便穿脱。

（二）社会经济

由于生产和生活方式的差异，甘孜州的藏族服装在造型和面料上都受到了一定影响。在服装面料选择方面，大多数藏区最大限度地利用自给自足劳动产品。由于独特的自然环境和相对简单的服装设计，藏族服装的缝制工艺也相对简单，因此当地居民的"疯装"都是在没有大型生产车间的裁缝店里制作的。

四、"疯装"的形制

(一)"疯装"的形制特点

"疯装"是上衣下裙的连衣裙制式，左衽交领。上衣为合体十字开身长袖造型，窄袖，袖长及手腕，袖肘处固定做分割，拼接织有吉祥纹样的横织布，该装饰片约为袖长的1/3。"疯装"的前身为上衣下裙一体无分割袍服式样，上窄下宽A字廓型，且有竖向分割线。由于传统藏服面料氆氇是由羊毛手工鞣制毡化制成，属于非常珍贵的面料，藏族的先辈们在制衣时非常讲究节省面料，所有需要A型结构的区域都会使用规整的长方形拼接三角形插片获得A字廓型（图1），此种结构制式处理方法也被保留至今。前衣身门襟两侧至前腰口位置，掏出左右对称的三角形分割片，再用五块红、黄、绿、黑、金丝绒料子拼接成三角片镶到门襟掏空处（图2）。

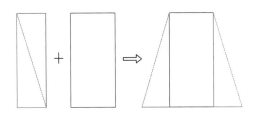

图1 藏服传统A字廓型结构方法

五块红、黄、绿、黑、金丝绒面料象征着福寿、土地、先知、牲畜和财富。将其拼接成三角片并镶到门襟掏空处

袖口贴边

袖肘处拼接织有吉祥纹样的横织布，改装饰约为袖长的1/3

衣襟镶边，在门襟边缘、裙摆边缘通常会镶嵌1cm粗的红色羊毛条类装饰

沿边用手缝针绣出装饰线条与纹样，既起到固定面里的作用，还能装饰门襟

图2 乡城"疯装"正面款式

衣襟镶边，在门襟边缘、裙摆边缘通常会镶嵌1cm粗的红色羊毛条类装饰，沿边用手缝针绣出装饰线条与纹样，既起到固定面里的作用，还能装饰门襟。

"疯装"的后身是断腰节连身百褶裙式样（图3）。在腰节以上的衣身上贴缝长/宽50cm的后背贴"公热"。"公热"一般为绿色料子，用白绣线在其中心位置绣出"卍"纹样，寓意吉祥。下裙是百褶裙，褶子由两侧向后中心折叠。

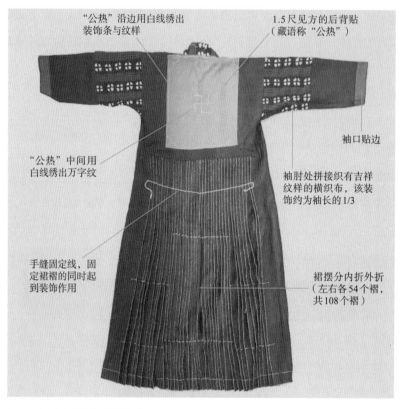

"公热"沿边用白线绣出
装饰条与纹样

1.5尺见方的后背贴
（藏语称"公热"）

"公热"中间用
白线绣出万字纹

袖口贴边

袖肘处拼接织有吉祥
纹样的横织布，该装
饰约为袖长的1/3

手缝固定线，固
定裙褶的同时起
到装饰作用

裙摆分内折外折
（左右各54个褶，
共108个褶）

图3 乡城"疯装"背面款式

"疯装"的腰上通常还会系"邦典"（图4）。"邦典"以有彩色和无色彩相间的横条拼接而成，约为0.5cm×18cm大小的长方形横织纹丝或毛织布，横织纹尺寸相对固定，在"邦典"的边缘有以竖条纹的彩条或者吉祥纹为装饰，束腰横宽处有两条丝毛细织带，用于围绕，使"邦典"能系在腰上。

（二）"疯装"结构裁剪图

图5～图8是根据"疯装"及"邦典"的形制特点绘制出的"疯装"平面款式图、"疯装"结构图。

锦绣非遗
纺织服饰文化研究

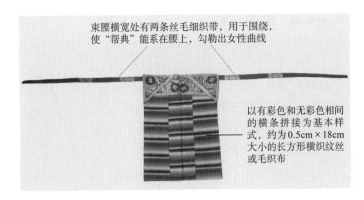

图4 乡城"疯装"的"邦典"款式

1. "疯装"平面款式图（图5、图6）

图5 "疯装"连衣裙平面款式图

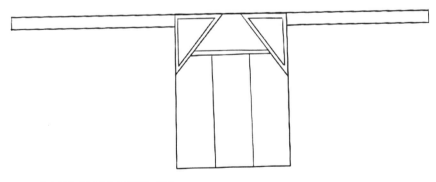

图6 "疯装""邦典"平面款式图

2. "疯装"结构图（图7、图8）

衣身结构

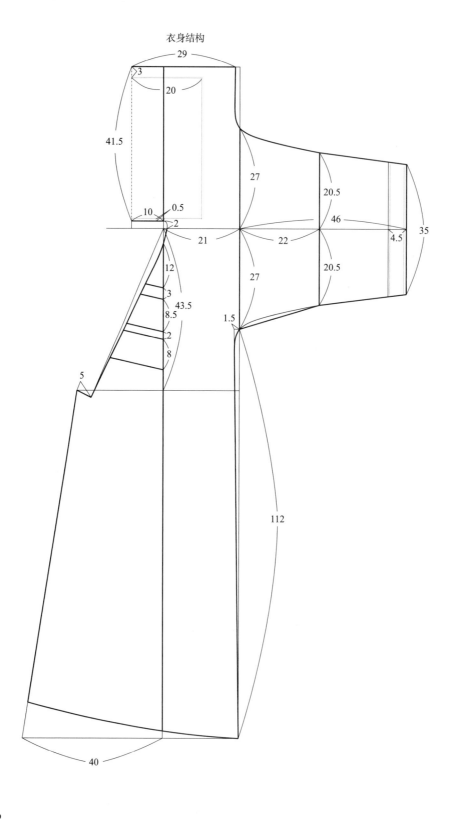

锦
绣
非
遗
纺织服饰文化研究

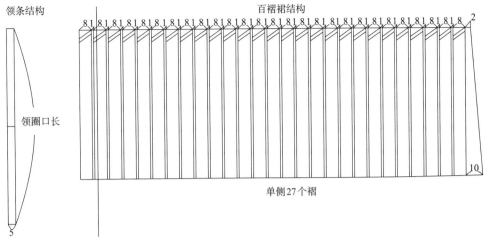

图7 "疯装"连衣裙结构图

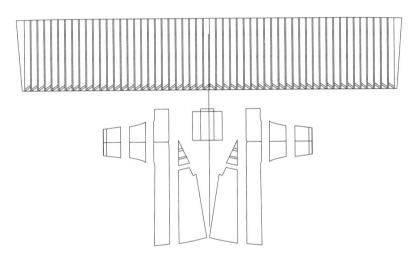

图8 "疯装"连衣裙结构展开图

3. "疯装"裁剪尺寸（表1）

表1 "疯装"样本（号型165/88A）裁剪尺寸 　　　　　　单位：cm

主要控制部位	尺寸	主要控制部位	尺寸	主要控制部位	尺寸
前衣长	127	后衣长	138	袖口围	35
胸围	120	肩宽	60	前领深	43.5
袖长	60	袖肥	54		
横开领	10	后领深	2		

五、"疯装"的保护、传承和应用

（一）调研情况

（1）接受度高。本文对1289名乡城居民进行了问卷调查，参与调查问卷的男性占31%，参与调查问卷的藏族人占92%，参与调查问卷的农民和其他人占59%。此外，参与调查问卷的大多数人都受过不同程度的教育，如41%的人受过高等教育。并且参与调查问卷的人有66%都是年轻人，其中有27%都是18岁以下的青少年。大部分参与调查问卷者对"疯装"是认可的。

（2）传统"疯装"更受喜欢。参与调查问卷的人中有73.62%的人家里有"疯装"，并且有6.44%的人是喜爱本土文化的人，虽然还有26.38%参与调查问卷的人没有"疯装"，但其中有17%的人也是喜欢并认可"疯装"的。调查问卷资料中显示，有70%的人认为"疯装"不需要改动，说明大多数人喜欢原汁原味的"疯装"服饰。在调查问卷中提到本地人在哪里制作"疯装"，62%的人喜欢找本地传承人制作"疯装"，可以看出大家都喜欢传统的"疯装"，喜欢传统服饰文化。

（3）传承意愿强。参与调查问卷人数共1289人，女性有877人。其中藏族1198人，汉族70人，其他民族21人。其中乡城籍贯占比很大，有1127人。填表人员的年龄阶段为：18岁以下有352人，18～25岁有93人，25～36岁有421人，36岁以上有423人。

参与调查问卷的人中，其他类别比重最大，有453人，其次是农民307人，事业单位269人，公务员135人，工人66人，退休工人59人。大多数人是小学学历，共计452人，极少部分是硕士。调查问卷显示，大多数家庭都有"疯装"一到两件，并且据数据显示90%的人都喜欢"疯装"，在经济条件的允许下愿意购买"疯装"，92%的人愿意外出穿着"疯装"，出席一些重要场合，他们会因为乡城有"疯装"而感到自豪。在"疯装"调查问卷中，94%的人觉得"疯装"应该被传承，其中少部分觉得"疯装"应该在款式变化、面料质地、色彩搭配等地方进行修改。

（二）"疯装"的保护与传承

（1）系统性收集整理现有的服饰文化资料。这是保护"疯服"的一项基础性工作，也是保护"疯装"服饰文化的基石。对"疯装"的保护可以系统地组织、全面地收集、准确地记录和科学地分类现有的农村和城市"疯装"服饰材料，形成一个相对准确、全面的"疯装"服饰文化的文本和图像数据体系，为"疯装"服饰文化的学术研究提供真实的原始资料。

（2）加强甘孜地区居民对于"疯装"保护与传承传统服饰的意识。民族文化的传承是一项长久的工作，要点、线、面结合做好"疯装"保护与传承传统服饰意识的工作。一是各相关部门一定要高度重视"疯装"保护与传承工作，增强保护意识，制定完善的保护措施，不限于节日、重要会议等场合，倡导全区少数民族干部穿民族服装，形成少数民族干部示范效应。二是提高甘孜地区人民保护民族服饰的意识。通过举办更多的培训班、展览、非遗传承等活动，使人们可以近距离、详细地了解民间服饰的实用价值和艺术价值，了解非物质文化遗产保护的相关知识，增强少数民族年轻一代的责任感，让他们发自内心地认同和热爱自己的民族服饰文化，从而增强全民共同行动的保护意识。三是重视少数民族民间艺人的培养。要培养更多具有工匠精神的技能传承人，建立传承人机制、学徒机制等，鼓励有志于民族服饰生产的年轻人参与民族服饰的保护和传承。加强对传承人的技能培训和培养，营造尊重民间艺人的氛围，鼓励他们发挥聪明才智和探索精神，提高工艺水平，创造出既能保存民族传统文化又能满足现代人审美需求和市场需求的民族服饰，从而弘扬我国传统服饰文化。

（3）利用网络辐射效应做好"疯装"传统服饰文化的传承。可利用本地知名人士或明星效应，经常在社交网络展示相关的"疯装"照片，宣传甘孜乡城地区传统特色服装，传播当地文化。我们可以邀请甘孜本土知名人士或明星出席活动时身着当地特色"疯装"，让更多人了解"疯装"这种传统服饰文化，扩大"疯装"传承渠道。

（4）兴建"疯装"服饰博物馆。当地地方政府可以建造"疯装"服装博物馆，展示"疯装"生产工具、服装生产设备（实物或复制品）和技术流程，让游客、学生和社会了解"疯装"纺织和服装生产技术。博物馆可以适当地为服务人员开设工作坊，向游客现场展示纺织品生产方法和服装生产工艺，也可以让游客亲身体验纺纱、织布、裁剪和制作服装的乐趣，以获得轻松舒适的旅行体验。还可以把"疯装"服饰博物馆建成"疯装"文化的展示基地、非遗技艺的科普教育基地、非遗传承人培训基地、民族文化交流融合基地以及民族团结教育基地。通过建设非物质文化技艺研究中心、非物质文化传承创新中心、"非遗"大师工作室等方式，将"疯装"服饰博物馆打造成中华优秀传统文化技艺研究平台、非遗传承人研习平台、青少年旅游研学平台以及非遗文创产品研发平台，促进民族团结进步、助力乡村全面振兴。

（三）"疯装"的传承和应用

（1）根据"疯装"传统服饰制作旅游纪念品。"疯装"传统服饰以其极具历史感的设计而闻名。"疯装"传统服饰作为一种旅游纪念品，以其与众不同的设计和精湛的技术吸引游客眼球。旅游者可以根据自己的喜好来选择，并将其作为美好旅程中的难忘见证。通过借旧创新、匠人精神的展现以及个性定制的服务，使传统服饰焕发出新的活力，让每位旅行者都能深入感受文化的魅力，将其留存在内心深处，是一份独一无二的纪念。

（2）"疯装"民宿与研学体验融合。在这个瞬息万变的时代，民宿不同于一般旅行住宿的方式，演绎出别样的"家外之家"。可将"疯装"传统服饰与民宿结合，将传统与创新碰撞，不仅为旅客带来视觉盛宴，也给住宿过程增添更多情趣和乐趣。以当地"饭院"高档民宿为例，室内空间陈设装饰以夯土、木、线条结构为主，光与影，铁与木，组合在一起，流淌着诗意般的情绪。房间内温暖的棉麻、手工的家具、手工牛皮挂件以及"疯装"传统服饰的陈列，让广大旅客参与"疯装"穿着等体验，以及了解"疯装"等研学项目，使广大旅客充分体验到地区特色，丰富旅游体验，穿着"疯装"传统服饰的旅行者不仅可以欣赏到其独特美感，更能亲身感受到传统文化的魅力，这种独特的感官体验不仅令人陶醉，还给人带来别样的旅行乐趣，身着华丽的"疯装"，置身于设计独特、充满韵味的民宿空间，仿佛穿越时光隧道，领略过去的辉煌。这种独特的体验不仅让人们欣赏到"疯装"的美丽，更能促使内心产生共鸣与触动。以旅游民宿的方式，结合当地风土民情，服装服饰来源历史通过，实物摆件展示、餐饮、服饰体验等形式，无论是品茶读书，还是与友人闲聊，都能在这个独具匠心的环境中切身感受到历史的痕迹。对"疯装"传统服饰等感兴趣的游客，会同主人成为朋友，定期拜访，成为民宿的回头顾客，从而能促进深入了解当地"疯装"文化传承，也能使地区旅游业更好更快地发展。

通过"疯装"传统服饰与民宿的结合，使"疯装"再度焕发出新的活力，独特创意与非凡设计使每一间以"疯装"主题的民宿都能成为旅客寻找历史韵致与情趣的绝佳去处。通过"疯装"的创造力，我们可以将传统元素与现代科技相结合，挖掘更深层次的潜力。这样一来，"疯装"无论是作为传统节庆用品还是日常必需品，都能焕发新的活力，勾起人们对其文化传承的向往。

"疯装"服饰从生活的一角为我们解读了当地文化，形象地反映了民族文明。将"疯装"服饰研究与中华优秀传统文化传承结合起来，探索其深层次内涵和价值。"疯装"服饰的传承不仅是对传统文化的尊重和保护，更是对现代生活方式的反思和创新。通过将传统服饰与现代设计相结合，可以使人们在时尚中感受到中华传统文化的魅力，并促进中华优秀传统文化的传承和发展。人们探索传统服饰的历史和演变，学习传统织造工艺和手法，并将其应用于现代设计中。希望越来越多的人意识到中华传统文化的珍贵性和独特性，重新认识和体验这一宝贵财富的魅力。

综上所述，"疯装"服饰的传承与研究在中华优秀传统文化的传承视域下具有重要意义。它不仅为传统文化注入了新的活力和创造力，也为研究者和爱好者提供了一个展示自己才华和创意的平台。希望在不久的将来，"疯装"服饰能够有更多人的关注，深入挖掘、传承和再创造。

参考文献

［1］安旭. 藏族服饰艺术［M］. 天津：南开大学出版社，1988：45.

［2］李玉琴. 藏族服饰区划新探［J］. 民族研究. 2007（1）：21-30，107.

［3］高一丹. 藏族服饰文化研究——以甘南夏河县为例［D］. 大连：大连工业大学，2020：16-20.

［4］曹英才. 舟曲藏族服饰文化研究［D］. 成都：西南民族大学，2020：168-169.

［5］谢姣. 藏族服饰的探索与研究——藏族服饰形成的原因［J］. 商，2014（13）：64.

［6］李占霞. 天祝藏族服饰特征和保护［J］. 炎黄地理，2021（1）：73-77.

［7］张舸鹏，房晓萌. 藏族服饰文化的传承与变迁［J］. 西部皮革，2018，40（14）：158.

［8］马芬芬. 藏族服饰数字化展示系统的设计与实现［D］. 北京：北京服装学院，2018：17-18.

［9］周裕兰，刘康杨，袁光富. 甘孜州藏族服饰的特点及成因探析［J］. 四川民族学院学报，2018，27（6）：16-21.

［10］王丽珺. 藏族典型服饰结构研究［D］. 北京：北京服装学院，2013：57-59.

［11］彭晓佳，王秋寒. 甘肃卓尼觉乃藏族服饰形制结构及特征探讨［J］. 武汉纺织大学学报，2022，35（3）：32-38.

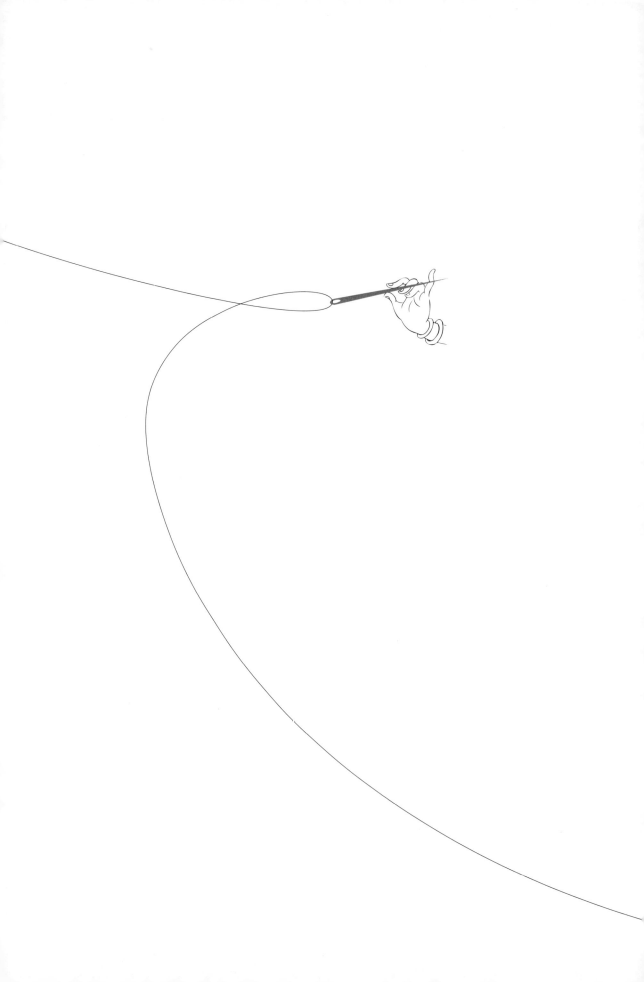

非遗文化下蜀锦工作室的推广——以原织蜀锦工作室为例

王禧，彭奕

（成都纺织高等专科学校，四川成都，611731）

摘要： 在文化大发展、大繁荣的背景下，蜀锦被越来越多的人所熟知，蜀锦服装定制工作室也应运而生。但大部分消费者，尤其是年轻群体，对蜀锦几乎不了解，加之蜀锦工作室在推广方面存在诸多问题，如社会认知度低、市场定位狭小、品牌缺乏宣传等，蜀锦的传承和推广面临危机。如何将蜀锦工作室推广出去，打造特色非遗服装商品，提升蜀锦的社会认知度是本文研究的目的。

关键词： 蜀锦，非物质文化遗产，工作室，推广

一、课题研究背景及研究意义

（一）研究背景

我国是四大文明古国之一，且华夏文明延续至今，源远流长的历史创造了丰硕的非遗文化，如蜀锦、蜀绣、剪纸、漳州传统刺绣等。蜀锦历史十分悠久，起源于春秋，设计精美，工艺精湛，但当今仅有成都保留了蜀锦工艺。在成都市政府的支持下，蜀锦在2006年被列为首批国家级非物质文化遗产。

然而蜀锦的传承与推广现状不容乐观，蜀锦因其在历史上流通范围狭窄，在当今又缺乏与时俱进的推广方式等因素，导致蜀锦鲜为人知。

（二）研究意义

非遗是服装设计极为重要的一个设计灵感来源，而蜀锦是四川丝绸的代表，极具传承与推广价值。该论文选题通过对蜀锦的传承创新与保护推广进行论述与研究，通过探索如何扩展蜀锦自身属性、加强产品开发设计与非遗文化融合度，同时融合数字化设计、借助"非遗＋"其他文化、依托多元主体的合作做好非遗的推广工作，为现

阶段对蜀锦及其他非遗项目的传承与推广研究提供新的方向。

二、课题研究内容及研究方法

（一）研究内容

通过互联网平台查阅与蜀锦相关的文献，了解蜀锦的历史价值及产业发展现状，同时收集非遗类优秀推广案例，比较分析推广案例，进而分析原织蜀锦工作室在推广中存在的问题，提出具体的推广方案。

（二）研究方法

1. 文献研究法

在互联网平台上查阅与蜀锦及非遗推广相关的内容，并做好记录，由此得出自己的相关思路。

2. 案例分析法

非遗推广案例方式方法多样，通过对相关优秀推广案例分析，总结其方法与优势，为本文蜀锦工作室推广方案的可行性提供参考，寻找适合蜀锦工作室的推广方案。

3. 比较分析法

比较收集到的非遗推广案例，分析其优缺点和成功的原因，从而促进原织蜀锦工作室推广方案的建设。

三、课题研究现状

（一）国内研究现状

截至2023年年底，我国入选世界级非遗名录项目43个，包括蜀锦在内的国家级非遗代表性项目1557项，但调研发现，目前国内学者对蜀锦推广的研究较少。在中国知网数据库中索关键词及其名称，如"蜀锦"，搜索出相关文献共计439篇，其中包括工业经济、中国历史、旅游等学科；而搜索关键词"某某推广"，如"蜀锦推广"，搜索出相关文献仅18篇。

并且从相关文献的发表时间来看，国内对蜀锦推广的研究起步较晚，最早发表推广相关SCI论文的时间为2012年，连续两年文献数量虽有增幅，但增长幅度却不大。

（二）国外研究现状

在 WOS 科学引文检索以"Sichuan brocade"为主题搜索相关的文献，仅搜索到 5 篇，且作者多为国内学者，由此可知，国外鲜少有针对蜀锦的独立研究。

四、蜀锦简介

非物质文化遗产是指各民族世代传承，并视为其文化遗产组成部分的各种传统文化的表现形式，以及与传统文化表现形式相关的实物和场所。

（一）蜀锦的基本概念

蜀锦是成都文化的重要组成部分，是汉至三国时蜀郡所产特色锦的通称。蜀锦多用彩条起彩或彩条添花和几何纹样、四方连续，是一种极具特色的多彩织锦。

（二）蜀锦的生成背景

1. 地理优势

蜀锦文化的产生离不开特定的物质材料，蜀地优越的自然地理环境为蜀锦的兴起和发展奠定了坚实的物质基础。

成都位于蜀地，其气候十分适合动植物生长，为桑蚕丝及草本植物染料提供了十分适宜的生长环境。

2. 区域优势

在历代王朝中，西南区域都是重要的经济文化综合中心、商业中心和重要的出口贸易中心，同时也是"南方丝绸之路"的重要路径。其丝制品在西域家喻户晓，甚至在更远的中亚地区都有发现。

（三）蜀锦的价值表现

1. 历史价值

甲骨文距今已有三千年的历史，而"蜀"字一词最早也出现在甲骨文上，从形状上看和蚕有许多相似之处。四川气候条件十分适合蚕生长。由此可见，蜀锦与历史悠久的四川有着深厚的渊源。

2. 艺术价值

蜀锦以彩经起花的为经锦，以彩纬起花的为纬锦，而蜀锦的独特之处在于经锦。且蜀锦形成了自身特有的配色方案及元素体系，在艺术领域占据重要地位。

五、蜀锦产业现状及面临的问题

（一）产业发展现状

1. 蜀锦产业群现状

蜀锦历史悠久、工艺独特。近代以来，虽然蜀锦产业传承传统工艺且持续发展，但由于工艺烦琐、学习过程枯燥、社会认知度低、价格昂贵、市场萎缩、缺乏推广等原因，曾一度面临入不敷出的低沉局面。

2. 政府支持

目前政府、学者、爱蜀锦人士等都希望通过各种途径让其重放异彩。为了使蜀锦持续发展，成都市政府将蜀锦申请为国家非物质文化遗产项目，并制定相应政策、建立专门的蜀锦博物馆来维护蜀锦市场。

（二）蜀锦发展面临的难题

1. 蜀锦自身问题

（1）蜀锦知名度不高。蜀锦在历史上产地极少，特别是近代只有成都保留了蜀锦的生产工艺，且在历史上流通范围极为狭窄，尤其是在元、明、清三代，蜀锦为皇家专用品，民间不得流通，这就导致了人们对蜀锦的了解极少。

（2）价格昂贵。蜀锦的定位是高档商品，在历史上为皇家专用品，布料昂贵，技艺精湛，技艺传承人少，加上其社会认知度低，价格昂贵，更极少用于日用品。

2. 蜀锦产业困境

（1）推广渠道不畅通。当代蜀锦产业推广渠道单一，即使开通了抖音账号、公众号账号，运营投入也甚少；加上对蜀锦感兴趣的多为长者或学者，倘若不利用现代主流媒体平台进行推广，很难持续发展。

（2）商品没有特色，消费群体少。现代蜀锦设计由于市场不规范，衍生了诸多问题，如商品同质无创新、质量杂乱不统一等。虽然蜀江锦院、原织蜀锦这类蜀锦品牌早已开始重视品牌建设，运用现代手法进行创新，但从整体来看，蜀锦服饰品除了价格不同，其款式、颜色和图案大同小异。

六、原织蜀锦工作室概述及发展困境

（一）原织蜀锦工作室概述

1.工作室介绍

原织蜀锦是四川省金笛服饰所创立的一个品牌，创始人黄萍女士是具有丰富国际贸易与对外文化交流经验的资深女企业家，她潜心研究成都本土文化，将蜀锦融入高端鹅绒服、旗袍的生产中，制定了"线上+线下""国内+国际"的品牌战略。

2.品牌定位

原织蜀锦品牌将蜀锦与现代流行元素、风格相融合，通过不懈努力让蜀锦走上国际舞台。作为成都本土的蜀锦品牌，四川金笛服饰有限公司坚持做原创系列品牌服饰，开发了蜀锦香囊、蜀锦口罩以及蜀锦笔记本等多种类型商品。

3.设计风格

在开发设计中，原织蜀锦与其他蜀锦品牌不同，最大限度地保持了蜀锦的"原汁原味"，又不画地为牢，尽展蜀锦时尚魅力。其中蜀锦艺术的设计开发主要分为整体应用和局部装饰两类手法。

4.推广方式及营销渠道

原织蜀锦的推广方式为"线上+线下"，线上以公众号、抖音、大众点评为主；线下在成都文殊坊成都院子开设了品牌旗舰店。

（二）原织蜀锦工作室发展现状及困境

1.工作室发展现状

（1）市场定位狭小。历史地位和昂贵的原材料决定了蜀锦的消费群体占比少，同时蜀锦缺乏有力的推广，市场逐渐萎缩。

（2）品牌观念滞后，未形成文化竞争力。市场上的大部分蜀锦商家依旧缺乏品牌意识，沿袭传统的商业模式，主要热衷于产品的模仿和价格之间的竞争。不顺应市场变化做出相应的调整，仅仅依靠某件畅销产品是无法在现代市场上生存的。大多数商家对品牌的认知停留在品牌名字上，认为用电脑字体设计一个品牌名称就是品牌建设，品牌整体识别性差。蜀锦品牌在包装系统与展示系统上还不完善，缺乏特色，以原织蜀锦来说，其有完整的包装体系，但过于讲究简约，反而缺失了蜀锦特色的展现。

（3）产品宣传力度不够。在蜀锦品牌的宣传中，虽然在营销手段上结合了"线上+线下"的推广模式，但对线上模式的宣传力度仍然不够，线上账号缺乏运营；同时在品牌的宣传上仅仅停留在成都及周边地区，蜀锦品牌与产品的市场认知度不够，缺乏扩大市场的营销观念。

以抖音宣传为例，截至2022年5月，原织蜀锦抖音官方账号有1079个粉丝，共15个作品，而总获赞才156个；且该账号更新频率不稳定，有时一天更好几条，有时几个月才更一次，作品内容同质化严重。

（4）产品开发设计与非遗文化融合度不高，缺乏非遗商品特色。目前，由于缺乏技艺传承人，特别缺少对非遗文化能沉下心去传承的年轻人，这就导致蜀锦在图案设计和绘画方面严重缺乏人才。因此，蜀锦产业大多采用机械化生产，许多商品在市场上存在严重的同质化。昂贵的价格和没有自身特色的商品导致蜀锦市场吸引力下降、销量低。

面对蜀锦产业的严重同质化，加强蜀锦服装设计与非遗文化的融合，打造极具地方特色的蜀锦服饰尤为重要。

（5）蜀锦生产成本高，且缺乏专属资金。蜀锦的用户画像多为高端消费人群，其面料是极好的丝绸锦缎，昂贵、工艺复杂且精益求精，因此蜀锦的生产成本高。

原织蜀锦专注设计，其作品原材料主要由成都古蜀蜀锦研究所提供，若想在面料图案、颜色上进行创新，就需要和古蜀研究所沟通，而设计师和工艺师各有所长，双方沟通起来需要一定的时间成本。

近年来随着我国对非遗的逐步重视，成都政府也积极进行蜀锦的传承和推广，但蜀锦的保护和推广每年都需要巨额支出，而蜀锦知名度低也导致蜀锦品牌不为大众所了解，能获得的帮助有限。

2. 工作室发展所面临的困境

（1）社会认知度低。大熊猫和蜀锦都是成都的特产，但是提及成都，大家往往想到的是大熊猫，显而易见，蜀锦的社会认知度普遍较低。

（2）市场不规范。随着时代的发展，蜀锦市场迈入了新阶段，蜀锦服装作为市场商品具有趋利性的特点，倘若没有法律的约束，可能会现模仿、以次充好来增加收益的现象，如以数码锦代替雨丝锦。

（3）非遗保护传承力度不够。蜀锦虽然深受政府重视，但是由于大众不了解，专项研究的学者也不多，保护传承的重任就落在了政府一方，结果显然是不行的。

由此，我们可以得出蜀锦的推广现状不容乐观，为了改变此现状，可以研究其他非遗推广优秀案例，分析成功原因，借鉴优秀之处，从而得出蜀锦工作室的推广方案。

七、基于非遗文化的蜀锦工作室推广方案

（一）优秀案例分析

1. 广西剪纸

（1）数字化设计推广：从移动 iPad 和智能手机移动客户端的出现到广泛使用，使用客户端上网已经成了绝大多数人的日常生活方式。数字化设计成了推广不可逆转的潮流。以广西剪纸为例，利用数字化设计技术，以艺术为内容载体的数字媒体艺术将数字化平台设计元素与广西剪纸项目结合，推动剪纸艺术迈向世界。

（2）数字化设计推广优势：数字化设计是计算机网络与艺术的结合，既具有计算机的及时性、普及性、多元性和用户使用时间、空间的灵活性，又具有艺术性。蜀锦数字化推广，不仅推动艺术设计与时俱进，而且渗透性广、娱乐性强。

2. 漳州传统刺绣

（1）多元主体的合作推广概述：随着人们物质水平提高，对精神需求的要求也更高。《中华人民共和国非物质文化遗产法》第九条："国家鼓励和支持公民、法人和其他组织参与非物质文化遗产保护工作"，可见，非遗的保护传承与推广发展不仅是政府的职责，还是学者及大众的义务。漳州传统刺绣的案例中政府相关管理部门、学者及刺绣工作室等多元主体合作推广才能发挥"1+1 > 2"的效果。

（2）多元主体的合作推广优势：在信息全球化的时代，若没有多元主体合作推广，非物质文化遗产将很难传承保护与推广发展。政府部门推广具有一元性、强制性的特点，而学者推广又具有多元性，社会大众推广具有多样性和灵感性，三者合作推广更精准、全面。

3. 浙江东沙古渔镇

（1）借助"非遗+"其他文化去助力推广概述：近年来，"非遗+"其他文化去助力推广，这越来越成为市场主流。以浙江东沙古渔镇为例，浙江利用"非遗+旅游"的模式，深入挖掘潜在用户及其需求，持续开展"非遗+"旅游类活动，提升非遗文化的社会知名度。

（2）"非遗+"推广优势："非遗+旅游文化"的模式，结合消费模式，主辅搭配，协力发展，有利于推动非遗群发展，将非遗传播到每个个体身边，提高非遗的社

会认知度。

从非遗教学到非遗传承再到非遗展销，将蜀锦文化与蜀锦市场二者有机结合起来，搭建和谐非遗生态网络，形成良性共生关系，全方位多角度使非遗市场化，使非遗与地区形成共生网络，将地域性特点与非遗设计融合，给大众以新的体验，使消费者对非遗文化的认识更加深刻、全面化。继而有利于开展新的延展活动，不只参观，更要使消费者体验非遗文化的形成过程、文化底蕴和历史背景，有利于形成产业链。

以上推广案例都有许多值得借鉴的地方，也与原织蜀锦有相似的地方，可以基于这些非遗优秀推广案例，进而推出原织蜀锦工作室的整改方案。

（二）原织蜀锦工作室整改方案

1.数字化设计推广

（1）非物质文化遗产节日专场推广。我国非物质文化遗产的节日有：春节、清明节、端午节、七夕节等。原织蜀锦可以在非遗节日开展专场的线上推广，借此推广蜀锦文化的同时，以便大众更全面地了解非遗文化。

以春节为例，可以将"福字""春联"这些新年元素运用到蜀锦服饰中。同时，销售前可采取预售的方式，了解消费者需求和审美。由此可见，线上推广有利于非遗营销。

（2）互联网开放平台推广，提高非遗产品社会认知度。在媒介投放上应参考消费者的阅读习惯和生活方式，选择与用户画像契合的媒介，在满足目标客户现有需求的同时，提升用户黏度。例如蜀锦爱好者QQ群、微博蜀锦超话、非遗网站、抖音、小红书等渠道都是推广非遗文化的有效渠道。

2.多元主体的合作推广

（1）推动学术界对非物质文化遗产的研究：学术界在系统化整理非遗的历史文化内涵、深度挖掘当代流行趋势与蜀锦文化的共通性、开发适合现代社会的展现方式等几个方面发挥重要作用。因此，政府、非遗学者和蜀锦企业应当密切联系、加强合作，由政府提出明确任务、提供政策性帮助，学界和蜀锦企业积极回应，采取行动。三者合作推广，推动蜀锦的创新性研究。

（2）建立健全完善的组织管理体系：

①加大非遗保护传承力度。政府举办蜀锦主题的活动，帮助人们了解蜀锦，从而激发购买意愿。也可对蜀锦工作室提供资金扶持，减少定制工作室的运营成本，促进蜀锦市场持续发展，改变其停滞不前的现状。

②完善与非遗市场相关的法律保护措施。本地政府可以依据相关法律法规，对相应专业技能技术智力成果提供保护，这有利于生产效率实现质的飞跃，扩大生产效益。

③整合研、产、销的运行机制，降低开发成本。原织蜀锦可以和面料供应商合作，派遣设计人员到蜀锦研究所学习工艺，蜀锦研究所也到原织蜀锦学习设计，从而联合培养专业人才，减少沟通时长。这有利于降低时间成本和制作成本，形成多样化的服装体系。

3. 借助"非遗+"助力推广

（1）非遗+电商，打响知名度，拓宽消费者市场定位。互联网时代，电商在市场中已经成为必不可少的一部分，原织蜀锦可开设淘宝、天猫、京东、得物等旗舰店，这些都是年轻人喜欢的平台，除了抖音直播，也可拓宽直播渠道，在淘宝等购物APP进行直播。

（2）非遗+城市文化体验中心，打造文化竞争力。城市体验中心是一个城市最独特的文化中心，包含人文性的同时又结合了当地特色文化，极具体验性。在原织蜀锦打造的蜀锦服饰体验中心中，消费者不仅能最直观地欣赏蜀锦，更能间接感受到蜀锦的文化底蕴，体验非遗之美。

（3）非遗+轮转消费，孵化自身IP形象，不断填充IP内容。轮转消费也叫轮转体验。通过联合举办展会，以增加消费者人数和类型。

原织蜀锦可以和大型服装展联名，举办全国流动性展览，将最具成都特色的服饰品进行展出，孵化自身IP形象，达到一石二鸟的效果。

原织蜀锦可以首先在成都及周边城市进行展览征集，以不同的主题召集不同的非遗企业和媒体，保证展会有足够的吸引力和曝光度；其次进行线上线下两个方向的交替轮转消费，保证自身IP形象的不断孵化，对于IP内容不断填充，使其价值提升，赋予蜀锦文化新的生命力。

参考文献

［1］黎美杏.论《保护非物质文化遗产公约》及其在中国的适用［D］.桂林：广西师范大学，2011.

［2］刘凌莉.蜀锦产品市场营销策略研究［D］.咸阳：西北农林科技大学，2013.

［3］李坤洋. "非遗"保护传承视角下蜀锦旅游商品的开发研究［D］. 贵阳：贵州师范大学，2020.

［4］于金仁. 蜀锦蜀绣文创空间设计研究——以成都市蜀锦蜀绣创新设计研究中心为例［D］. 成都：成都大学，2021.

［5］尹佳琪. 广西剪纸类非物质文化遗产数字化设计及推广研究［D］. 桂林：桂林电子科技大学，2020.

［6］黄新洋. 合作治理理论视角下的非物质文化遗产推广研究——以漳州传统刺绣为例［D］. 厦门：厦门大学，2019.

［7］张闻箫. 非物质文化遗产的推广研究移动互联网传播与品牌化推广［D］. 西安：西安美术学院，2016.

［8］任静. "非遗+"背景下阿拉善佛教岩刻文创产品设计与研究［D］. 呼和浩特：内蒙古大学，2021.

［9］耿红路. 南京云锦产业化模式研究［D］. 南京：南京林业大学，2009.

［10］刘璐. 南京云锦艺术在现代室内设计中的运用研究［D］. 景德镇：景德镇陶瓷大学，2016.

［11］李锐. 动态图形设计在川剧文化推广中的应用研究［D］. 重庆：四川美术学院，2020.

浅析三星堆青铜器元素在现代成衣中的设计

李青

（成都纺织高等专科学校，四川成都，610097）

摘要： 三星堆，沉睡三千年，一醒惊天下！考古发现的三星堆青铜器制作精良、工艺精美、形态独特，承载丰富文化内涵，充满神秘的想象力，是古蜀文明最具有代表性的文化之一，是中华民族宝贵的文化遗产。本文分析归纳三星堆青铜器的特点，探索对三星堆青铜器的元素提取及运用到现代成衣设计中的方法，设计出贴近普通消费者生活方式、审美需求与文化自信的现代成衣服装。

关键词： 三星堆，青铜器，现代成衣设计

近年服装设计聚焦中国风，将传统与现代相融合，东方美学与现代生活方式结合，受到越来越多消费者追捧。三星堆遗址是四川境内发现时间最早、出土面积最大、出土文物极多的遗址，三星堆青铜器具有独特的造型和丰富多样的纹样，蕴含着独特的文化符号和博大精深的文化内涵。作为古蜀文明最具代表性的文化之一，三星堆青铜器是中国传统文化不可缺的重要组成部分。对于服装设计师来说，它是一个丰富的灵感源泉。服装设计师将三星堆青铜器的元素与现代成衣设计相结合，为服装赋予了深刻的文化内涵，创造出符合当代审美、流行和市场需求的成衣产品，让三星堆文化更贴近人们的日常生活，趋向于实用化的服装设计，真正走近普通消费者。

一、三星堆青铜器的特点

三星堆青铜器分为人物造型、动物造型、植物造型和组合造型。设计师应围绕设计主题，根据不同服装风格甄选出三星堆青铜器代表性的造型元素，运用解构、分

解、重组、反复等设计手法，将从三星堆青铜器艺术中提取出的元素转化为合适的形式并融入成衣服装设计中。

（一）写实与夸张的造型表现

从三星堆出土的青铜人像上看，造型形态饱满，棱角分明，有的人物风格非常相近又各具特色，姿态万千，绝不雷同，各式各样的发型头饰服饰代表不同权利、地位、阶层的关系，面部容貌都是浓眉大眼、鼻梁高挺、方面大耳，给人一种神秘感。其代表性的青铜立人像，身躯细长，头戴高冠，筒形高冠上有连续的回字形纹样和对称的兽面纹饰。身穿窄袖，半臂式三层左衽长襟衣。外衣刻有精美清晰的龙纹、异兽纹、鸟纹和雷纹等纹样，或有规律排列，或呈密集组合。中层为短衣下摆呈燕尾状，内层两侧下摆至脚踝处。脚戴足镯，赤足站立于方形兽面台，双臂环握中空、手臂粗大、双手环形状，双手巨大手指长度夸张，似祭祀状，这样独特的服装造型在全国出土的文物中极为罕见。学术界认为青铜大立人是古蜀国神权政治领袖的形象，其身材修长，"身披龙袍"，肩部捆着法带，双手向上前方举起，手里像似握住某种器具，表情严肃。整体来看，青铜大立人服装写实，身躯围度减小，腰线比常人高，显得身材挺拔，面部、手以及手臂运用了夸张的表现手法，与中原人像差别很大。

古代蜀国的传说中，几代蜀王与鸟有着紧密的联系，三星堆出土的青铜鸟造型数量众多，种类繁多。在歧羽纹上，可以清晰地看到鸟这一形象经历的抽象变化：该纹饰由鸟头、翅羽和尾羽组成，鸟的脖子较长，翅膀横向展开，尾羽与翅膀平行，形成了倒立的"F"，或者类似汉字"飞"的形状。歧羽纹线条抽象变化，表现了展翅欲飞的神鸟是由鸟类造型衍生出的，夸张变形方面也具代表性。此外三星堆青铜纵目面具体量巨大，面部上部眉尖上挑，双眼斜长，眼睛如圆柱般突出，中部鼻翼外张，广阔的两耳硕大招风，下部嘴角上扬，粗犷的造型中又有流畅的线条，庄重严肃的表情中露出一丝神秘的微笑，好像强调超乎常人的特征，传递一种神秘、震撼的视觉感受，这种夸张的设计被人们称为"千里眼、顺风耳"。目前学术界普遍认为他是古蜀时期的蜀族始祖蚕丛的形象，是古蜀人在制造青铜器时，把当时内心对审美认知和艺术理解在青铜器中展现出来。

（二）组合与抽象变异纹样表现

在三星堆遗址出土的青铜神树，是以扶桑、神鸟、神龙等动植物结合，青铜龙是以复合蛇、鹿、鳄鱼形态结合，金杖上的纹样，是古蜀人启发于鱼、鸟、箭羽纹样，将它们相互结合而创造出独特的三星堆纹样，象征着王权。这些新纹样展现了组合和抽象变异之美，延续了青铜纹样的创作风格，将各种动物的仿生形态与几何纹样结合，形成新的纹样，呈现出神、兽、人相互交融的原始思维。兽面纹是一种典型的综合纹样，明显是将各种动物的局部特征组合成的神兽形象，学者普遍认为它结合了牛、羊、象、鹿等形象，并与几何纹样相互融合。这些纹样通过概括和提炼，运用对称重复的设计，不仅展现了古蜀文化的艺术特色，也反映了当时的审美趣味，以及古蜀人非凡的想象力和创造力。

（三）神秘宗教色彩表现

三星堆文化充满了远古的宗教色彩，巫祭贯穿了各种祭祀场景，形成了自然崇拜、图腾崇拜和祖先崇拜为基础的体系，构成了三星堆时期的精神文化。在三星堆青铜器上，可以看到大量太阳形纹饰，以及多个太阳形状的器皿，这些是太阳崇拜最直接的物证。青铜太阳形器的直径约为85cm，中间突起呈半球形，周围有五条放射状的纹饰，外侧还有一个圆环状的晕圈与纹饰相连，这个造型与古代先民绘制的太阳形状相似。太阳器上还残留着彩绘痕迹，它们被用于进行祭祀的活动。太阳崇拜是最早的崇拜形式之一。另外，还有一件编号为一号的青铜神树，高达396cm，树干屹立不倒，树上有九根枝条，上面装饰着立鸟、果实、光环和挂饰等神物。古蜀人围绕着这棵神树进行各种重要的祭祀仪式，展现了古蜀人的天人合一、人神互通的原始宗教观念，以及他们对太阳神的崇拜、对时间和空间观念的理解。这些都是自然崇拜的象征，也是古蜀人智慧和精神的象征。三星堆青铜器中鸟数量最多、形象丰富、地位显要，三星堆文化富含对鸟的崇拜，可能鸟是当时主要民族的图腾。代表神权和王权的金杖上的鱼鸟图案被认为是传说中古蜀鱼凫氏族的图腾。史书中记载的"蜀侯蚕丛，其目纵，始称王"，三星堆青铜纵目面具和眼形铜饰件与之相吻合，被认为是古蜀国的祖先神蚕丛的形象，表现出对祖先的崇拜。

二、基于三星堆文化元素的现代成衣设计

随着国家对传统文化的重视，中国年轻一代消费者对本土民族文化有着非常强烈的自信与认同感。他们乐于接受和传承传统文化，喜欢穿着融入了中国文化元素的服装，用实际行动表达对传统文化的热爱和尊重。好的成衣设计是能回归日常，实穿性得到消费者认可，中国传统文化的传播除了社交网络，还有现实生活。具有三星堆青铜器元素的成衣设计不是把三星堆青铜造型或纹样直接搬运到服装上，设计师需要深

入了解三星堆文化并选择合适的现代设计语言进行表达。

（一）明确消费群体和服装风格

成衣的设计要符合现代人的审美要求，要具有实用性，要以消费者的需求为主体。服装设计师在明确消费群体和服装风格的基础上结合流行趋势深入了解三星堆青铜器文化内涵，对提取元素进行二次设计。青铜材质的文物外形工艺繁复，造型精美，如果把图案直接用于服装会过于简单，厚重的历史感也不容易融入现代服装设计中。所以图案设计常用到以下变形手法：①归纳与取舍，舍弃细节及次要部分，保持原形的主要特征和必不可少的部分。对三星堆青铜器图案进行简化，形象轻松、简洁，才能更好适应现代服装款式。②添加，需要在简化的基础上进行，是在图案形象经过简化的外轮廓中添加纹样，目的是强调、突出主体和寓意，使画面更丰满，装饰性更强，意义更深刻。也可以结合相关联的图案造型与简化后的三星堆青铜器图案进行重新组合排列，形成新的构成形式。③夸张变形，是在简化基础上进行的。有意识地把三星堆青铜器最具有代表性的形态、结构、色调、比例、肌理等东西进行强调，突出、夸大出来，使其特点更加鲜明，醒目，增加感染力，强调其独特的个性特征。④打散构成，是将对象打散，分解成多个部分，然后重新组合，形成一种全新的形象，这是传统图案创新应用中最常用的表现手法之一。⑤几何形化，将表现对象的面貌和特征都归纳概括为简洁的几何造型，在画面表现上显得更有张力和视觉冲击力，抽象又不失趣味。在现代服装设计中运用三星堆青铜器元素时，要将元素打散，把握尺度灵活运用，大面积使用效果适得其反。经过变形和打散的三星堆青铜器图案才容易融入休闲、日常、都市、优雅等不同的服装风格里面。

从服装创新设计上来说，我们可以对三星堆青铜器的轮廓造型、图案纹样、色彩肌理、神话意境等方面进行元素的再创作。如服装品牌的消费群体是喜欢国潮风格的年轻群体，设计师可以从中国三星堆文化中去选取一个主题，提取三星堆青铜器经典形象进行简化或夸张处理，结合汉字与书法、龙凤、花鸟、云纹水纹等不同时期传统吉祥元素对设计画面进行装饰设计，色彩上可以尝试对比色、互补色等大胆的色彩，再融入舒适自在的潮流服饰上。如服装品牌的消费群体是成熟的都市职业女性，服装整体色彩以中性素雅为主，对三星堆青铜器图案纹样进行简化、分解、重组等变形手法，简化图案形式，尝试以点缀色邻近色表现图案设计，或将三星堆青铜器元素以服饰配件的方式呈现，如胸针、围巾、腰带、扣子造型等点的形式出现在现代成衣设计上。款式上结合西式裁剪，将东方意蕴与西方版型相融合。服装设计师应看重中国元素在细节方面和意境上的体现。三星堆青铜器元素的最佳运用方式是写意，而非写实，有深度地运用中国元素才是服装设计的重点所在。图案的设计和变形是为服装风格服务的，服装风格是由消费者的需求、市场所决定的。

（二）结合流行，对三星堆青铜器元素的创新运用

受互联网及服装电商的影响，服装变化越来越快，消费者更趋向理性、个性化、国际化，关注自我需求，重视流行信息。这对服装设计师提出了更高的要求。服装设计的方法很多，设计师在将三星堆青铜元素运用到现代成衣设计中时始终要把握时尚要素、流行要素、潮流要素等。这些要素是随着时尚、市场的变化而变化的。例如，设计师可以分析最新秀场中图案趋势有哪些热点个性图案能和三星堆青铜器元素相结合，这是一个复杂的思维过程，也是设计师审美能力的综合呈现。如2023图案流行趋势——几何图案元素，以波点、格纹、菱格、条纹为初始图形，对几何印花图案进行富有动感的循环排列，不同层次不同大小的图案透叠，明快的色彩搭配不规则的色块反复叠加，既生动又有潮流感。我们可以选取三星堆青铜器中的几何纹样，进行富有动感的骨骼变化，叠加三星堆太阳形器图案，搭配明快色彩组合，整个过程是不断调整、搭配、创作的过程，图案的大小、疏密与节奏变化都是设计师创作审美的表现，最后我们将得到符合潮流的三星堆元素原创图案。设计师也可以整理符合流行趋势的色彩图片，选择打动自己的元素以及想表达的三星堆青铜器元素（注意有些标志性图案用于商业应考虑版权问题）重新排列组合，把写实的图案符号进行艺术加工，彰显图案的形式美，传递出富有现代意味的设计理念，使三星堆青铜器元素在现代服装的设计应用上标新立异，符合现代消费者的审美观念。

（三）三星堆青铜器元素在现代成衣设计运用中的发展前景

在展望三星堆青铜器元素服装的发展前景时，除了利用这些元素来设计礼服和表演服装外，更应该将重点转向设计日常穿着的成衣服装。从一开始直接引用中国传统元素，到提炼并创新，应用特殊的工艺手法和面料处理，再到赋予服装更深层次的精神文化内涵，体现当前阶段消费者对具有中国传统元素特色服装发展持积极乐观、宽容的态度。三星堆青铜器造型独特，寓意深刻，受到大众的欢迎和追捧，是中国传统文化的重要组成部分。随着党和国家越来越重视青年文化自信教育，青年已经成为主要的推动力。可以看出，青年在弘扬优秀的中国传统文化和坚定文化自信的过程中发挥着至关重要的作用。由此看来，将三星堆青铜器元素在现代成衣设计中运用具有很

大的市场发展潜力。

三、结束语

三星堆的青铜器具有丰富的题材、独特的造型和深刻的意义，为服装设计师提供了灵感的宝库。现代成衣设计师只有深入解读三星堆青铜器元素的文化特征，结合时尚趋势，才能够设计出兼具传统元素内涵、品位和时尚氛围的服装，从而在传统的基础上实现创新发展。在现代服装设计中运用中国传统文化元素，必须符合现代人的审美需求和社会文化意识，以满足消费者的接受需求。只有准确把握三星堆青铜器元素所传递的文化信息，坚持其背后蕴含的精神内涵，并巧妙地融入现代成衣设计理念中，才能够受到广大消费者的喜爱和认可。

为了让中国服饰文化在国际竞争中占有一席之地，并展示出自己的特色，我们必须以中国传统文化为基础，并超越对传统文化元素的表面运用。同时，我们还需要结合国内外先进的服装工艺技术，抓住时尚元素、大众需求和传统文化内涵，利用国际通用设计语言进行时尚现代的服装设计。通过将三星堆青铜器元素与现代成衣相融合，我们可以进一步延伸中国特色的服饰文化，扩展中国服装设计文化的发展空间。

参考文献

［1］黄剑华. 三星堆服饰文化探讨［J］. 四川文物，2001（2）：3-12.

［2］印洪. 神·形·意——三星堆视觉造型研究［D］. 杭州：中国美术学院，2017.

［3］沈欣如，马雨清，宋嘉怡，等. 融入三星堆元素的服饰品创新设计［J］. 化纤与纺织技术，2022，51（4）：135-137.

［4］郭常山. 三星堆青铜器造型艺术元素在服装创意设计中的应用［D］. 济南：齐鲁工业大学，2017.

［5］徐慧玲. 浅析中国传统元素在现代服装设计中的应用［J］. 西部皮革，2022，44（4）：62-64.

［6］杨雪. 古蜀文明文创产品设计研究与应用［D］. 北京：北京印刷学院，2020.

［7］孙华，苏荣誉. 神秘的王国［M］. 成都：巴蜀书社，2003.

锦秀非遗
纺织服饰文化研究

湖南省苗族服饰制作技艺的传承与振兴发展报告[1]

刘勇雄[2]

（湖南工艺美术职业学院，湖南益阳，413000）

摘要： 湖南省独特的自然资源和人文环境下孕育了丰富多彩的服饰制作类非物质文化遗产，其中苗族服饰最具有代表性。苗族服饰素有"穿在身上的史书"的美誉，其色彩绚丽多姿，款型丰富多样，历史源远流长，民族和地域特色鲜明。近年来，以苗族服饰制作技艺为代表的湖南省服饰制作类非物质文化遗产传统工艺项目在生产实践、传播推广、传承教育等方面取得了良好的成效，获得了一些值得推广的经验。基于当前国家对传统工艺提出了高质量发展的要求，湖南地区的苗族服饰制作技艺在提升产品品质、增强产品核心竞争力、孵化服饰品牌、培养更多高素质高技艺的人才等方面仍有较大的进步空间。

关键词： 苗族服饰，制作技艺，文化传承，振兴发展

一、湖南省服饰制作类非物质文化遗产项目概况

湖南省共有汉、土家、苗、侗、瑶、回等56个民族，多元的民族构成造就了丰富多样的民族传统服饰，它们在记录本民族的历史文化、风俗民情、社会心理等方面起着极重要的作用。湖南省服饰制作类传统工艺的历史悠久，文化积淀深厚，民族和地域特色鲜明，产生了一大批服饰制作类非物质文化遗产和能工巧匠。

截至2023年12月，湖南省有列入县（区）级以上的服饰制作类非物质文化遗产

---

[1] 本文系2023年湖南省教育厅科学研究项目《湖南地区手工制鞋技艺的传承与发展研究》（23C0603）的研究成果之一。

[2] 刘勇雄，男，生于1982年，汉族，本科学历，讲师，任职于湖南工艺美术职业学院，主要研究方向：服饰制作类非物质文化遗产教育、鞋类设计与工艺。

项目23项❶。从项目级别来看，国家级1项，占比4.35%；省级3项，占比13.05%；市（州）级8项，占比34.78%；县（区）级11项，占比47.82%。

从所属民族来看，苗族12项（表1），占比52.17%；土家族4项，占比17.39%；瑶族4项，占比17.39%；汉族2项，占比8.70%；侗族1项，占比4.35%。从地区分布情况来看，湘西土家族苗族自治州12项，怀化市4项，郴州市2项，邵阳市2项，益阳市1项，张家界市1项，永州市1项。

表1　湖南省苗族服饰类非物质文化遗产代表性项目统计表

序号	项目名称	项目级别	项目类别	项目批次/时间	项目保护单位	分布地区
1	苗族服饰	国家级	民俗	国家第二批（扩展名录）/20080614	湘西自治州毕果民族服饰研发中心	湘西土家族苗族自治州
2	湘西苗族服饰	省级	传统技艺	湖南省第一批/2006607	湘西自治州非物质文化遗产保护中心	湘西土家族苗族自治州
3	湘西苗族服饰	州级	民俗	湘西土家族苗族自治州第一批/20071021	湘西土家族苗族自治州民族事务委员会	湘西土家族苗族自治州
4	湘西苗族服饰（瓦乡人服饰）	州级	美术	湘西土家族苗族自治州第三批（扩展名录）/20091103	泸溪县非物质文化遗产保护中心	湘西土家族苗族自治州泸溪县
5	通道草苗服饰	市级	民俗	怀化市第三批/20110620	通道侗族自治县非物质文化遗产保护中心	怀化市通道侗族自治县
6	通道花苗服饰	市级	民俗	怀化市第三批/20110620	通道侗族自治县非物质文化遗产保护中心	怀化市通道侗族自治县
7	花苗服饰	市级	民俗	怀化市第五批/20160328	靖州苗族侗族自治县非物质文化遗产保护中心	怀化市靖州苗族侗族自治县
8	苗族服饰制作技艺	县级	传统技艺	花垣县第一批/20170724	花垣县非物质文化遗产保护中心	湘西土家族苗族自治州花垣县
9	苗族缝纫	县级	传统技艺	不详	凤凰县非物质文化遗产保护中心	湘西土家族苗族自治州凤凰县

❶ 陈鸿骏. 湖南传统工艺振兴发展报告（2022）[R]. 北京：社会科学文献出版社，2022：66-67.

序号	项目名称	项目级别	项目类别	项目批次/时间	项目保护单位	分布地区
10	苗族服饰	县级	民俗	不详	凤凰县非物质文化遗产保护中心	湘西土家族苗族自治州凤凰县
11	苗族服饰	县级	民俗	不详	保靖县非物质文化遗产保护中心	湘西土家族苗族自治州保靖县
12	瓦乡人服饰	县级	民俗	不详	泸溪县非物质文化遗产保护中心	湘西土家族苗族自治州泸溪县

注 表中，国家级、省级、市（州）级项目为完全统计，截止时间为2023年12月；县级项目则是不完全统计。

由上可见，分布在湖南省境内的苗族服饰类非物质文化遗产代表性项目的级别较高、数量较多、辐射较广、传承基础较佳。有鉴于此，苗族服饰制作技艺项目于2018年5月成功收录在《第一批国家传统工艺振兴目录》，并于2021年1月收录在《湖南省第一批传统工艺振兴目录》（表2）。

表2　湖南省服饰制作类传统工艺振兴目录

序号	项目名称	项目级别	项目类别/编号或序号	项目批次/时间	分布地区
1	苗族服饰制作技艺	国家级	服饰制作（FSZZ）/编号I-FSZZ-8	第一批国家传统工艺振兴目录/20180527	湘西土家族苗族自治州
2	苗族服饰制作技艺	省级	服饰制作（FSZZ）类/序号12	湖南省第一批传统工艺振兴目录/20210116	湘西土家族苗族自治州

二、湖南省苗族聚居区和苗族服饰类非物质文化遗产代表性项目分布情况

湖南省现有苗族人口超过192万人，苗族居民聚居区主要分布在湖南西部地区，包括湘西土家族苗族自治州（以下简称"湘西自治州"）的花垣县、凤凰县、吉首市、保靖县、古丈县、泸溪县，邵阳市的城步苗族自治县（以下简称"城步县"）、绥宁县，怀化市的靖州苗族侗族自治县（以下简称"靖州县"）、通道侗族自治县（以下简称"通道县"）、麻阳苗族自治县（以下简称"麻阳县"）、会同县

等地。

湖南省现有列入县（区）级以上的苗族服饰类非物质文化遗产代表性项目共12项（表1），从地域分布来看，湘西自治州9项（含州直属单位2项、吉首市1项、花垣县1项、凤凰县2项、保靖县1项、泸溪县2项），占比75%；怀化市3项（含通道县2项、靖州县1项），占比25%。

三、湖南省苗族服饰的类型

从古代到近代，苗族经历了几次大规模的迁徙，在此过程中形成了特殊的民族文化。苗族文化最鲜明最具体的表现就是其多姿多彩的民族服饰。

苗族服饰分类众多，按性别区分，有男装和女装；按年龄区分，有老年装、中青年装和儿童装；按工艺的繁简区分，有常装（便装）和盛装；按裁剪缝制的形式区分，有满襟衣和对襟衣。

按服饰色彩差异分类，历史上曾把我国的苗族支系分为黑苗、红苗、花苗、青苗、白苗、草苗等。按服饰色彩差异分类的传统习惯在湖南省的部分地区（怀化市靖州县、通道县）保留至今，如列入怀化市市级非物质文化遗产名录的花苗服饰、通道草苗服饰等（表1）。

现代苗族服饰的分类是综合考虑苗族服饰的款式、风格、分布地域、语言和自称等因素，全国苗族服饰大体上分为湘西型、黔东型、黔中南型、川黔滇型和海南型五大类型，并在类型下细分为21种款式与风格式样[1]。

四、湖南省苗族服饰的特征

湖南西部地区的苗族历史上包含以"红苗"为主的二十多个支系，每一支系又包含若干亚支系，这就使得湘西苗族服饰显得格外多样，其中又以苗族妇女的服饰最具代表性。

其中，湖南湘西地区的苗族妇女服饰经过历史发展和时代变迁，最终形成一型（湘西型）三式（花保式、凤凰式、吉泸式）的基本特征，成为现代苗族服饰的五大

---

[1] 王艳晖. 湖南靖州花苗服饰研究［D］. 苏州：苏州大学，2011：12.

类型之一，广泛流行于湖南湘西自治州及湘、黔、川、鄂四省交界一带；湖南省怀化市境内的花苗服饰、草苗服饰在色彩等方面又具有自身的特色。

（一）湘西型苗族服饰的样式与特征

湘西型苗族服饰其内容包括头帕、披肩、上衣、围腰、腰带、花带、裤、裙、绑腿、袜、鞋等，这些服饰上装饰有几何纹、动物纹、植物纹等几百种富于幻想、寓意深刻的纹样。湘西型苗族服饰以纺织、印染、刺绣、织锦、挑花、数纱、蜡染、扎染等一套传统技艺制作，各种技艺均有独特的生产流程和加工方式。

1.花保式

花保式苗族服饰以湖南花垣县吉卫镇为标本地（图1），分布于湘西的花垣县、保靖县南部、吉首市西部和古丈县西南部。其较为显著特点是衣襟有明显的直线转角，又称胸襟式。妇女穿圆领大襟右衽衣，习惯卷袖，以露白色挑花袖套为美。上衣无盘肩花纹，衣襟纹饰多。佩戴绣有龙、凤、花、草、虫、鱼等纹饰的围裙，戴黑、白布帕或丝帕盘绕于头。头帕层层环绕呈螺旋状，额前绕成平面，脑后似梯田形，末挽一道，平整于额眉。下着宽脚裤，裤下方有二道滚边，一道花纹，二道水纹或花带，穿花鞋❶。

图1　花保式苗族服饰——盛装上衣

（来源：麻凤姐服装作品，笔者2021年11月摄于花垣县）

2.凤凰式

凤凰式苗族服饰以凤凰县山江镇为标本地，流行于贵州省松桃县、湖南省凤

---

❶ 石群勇.腊尔山区苗族传统文化建构的文化人类学解读［J］.柳州师专学报，2009，24（6）：6.

凰、花垣、麻阳县等地。其上衣为云肩式，环绕肩部伸展一条刺绣花边和两道滚边，纹样虽简练，却精巧别致（图2）。配上呈梨形状的高腰绣花胸围兜，与盘肩组合构成上装优美的弧线，舒展而流畅。下穿绣花裤，着绣花鞋。凤凰形头帕是苗族妇女头饰中的一道亮丽风景，以高为美，因高而奇（图3）。湖南省西北部与贵州省松桃县交界处的腊尔山台地的苗族妇女多喜欢用蓝布白格，或有蜡染图案的花帕包头，称为梅花帕。头帕层层相叠、高高耸立，有如峨冠，若遇到严寒，还常常加包短帕一截❶，由额头包至脑后，裹住耳朵。这一地区最有特色的是披肩（云肩），外形呈现出云状的轮廓；其工艺繁杂，华美非同一般，表现出该地区苗族女子独特的审美情趣。披肩（图4）现已不多见❷。

图2　云肩式苗族春秋装

（来源：何相频，阳盛海. 湖南少数民族服饰［M］. 长沙：湖南美术出版社，2010：204.）

图3　凤凰式苗族女盛装——上衣

（来源：吴四凤服装作品，笔者2021年11月摄于凤凰县山江苗族博物馆）

图4　当代拼连补花刺绣云肩

（来源：吴四凤、龙红香服饰作品，凤凰县山江苗族博物馆供图）

❶ 何相频，阳盛海. 湖南少数民族服饰［M］. 长沙：湖南美术出版社，2010：36.
❷ 钟茂兰，范朴. 中国少数民族服饰［M］. 北京：中国纺织出版社，2006：4.

锦绣非遗纺织服饰文化研究

3.吉泸式

吉泸式服饰流行于湘西自治州泸溪、沅陵、吉首、古丈等县（市），为立领大襟式。吉泸式这一带的苗族人自称为"瓦乡人"，与湘西其他苗族地区不同的是，妇女服装非常朴素简单，春夏季节的上衣为纯白色，秋冬季节的上衣为蓝色，没有纹饰。围挑花胸围兜，包挑花头帕。挑花颜色多以黑白或蓝白对比，图案工整严谨，素洁秀雅❶（图5、图6）。泸溪苗族尤喜白布挑花帕，而沅陵苗族除了未婚少女及新妇包白布挑花帕外，中年妇女包蓝色挑花帕，老年妇女则包黑色布帕，不挑花。

湘西苗族服饰艺术的精华集中体现在女子的节日盛装上，而各种精美的银器为其主要配饰，并以多为美，以重为贵，身穿苗族盛装时的苗家女子全身缀满银器，身着绣花衣，捆花带，系围裙，穿花鞋，披云肩，有些还穿大红百褶裙等，服饰繁多而不乱，款款而行时，妩媚动人（图7）。

（二）湖南省花苗服饰、草苗服饰及其特征

1.湖南省花苗服饰及其特征

花苗是苗族支系的一支，主要生息繁衍在桂、黔、滇相连的大山深处。其中，湖南境内花苗主要分布怀化市靖州县、通

图5　吉泸式苗族女盛装

（来源：李昕.湘西苗绣及其传承发展现状研究[D].北京：北京服装学院，2017.）

图6　吉泸式盛装的高腰挑花围兜

（来源：何相频，阳盛海.湖南少数民族服饰[M].长沙：湖南美术出版社，2010.）

---

❶ 吴明娅.浅析湘西苗族挑花的图式语言与运用[D].长沙：湖南师范大学，2019：13.

道县。靖州县、通道县的花苗服饰（图8）同主要分布在今湘西自治州的湘西型苗族服饰一样历史久远。花苗代代传承着纺织、刺绣、挑花等古老的手工技艺，其服饰内涵深邃、图案精美、造型奇特、结构多样；其女装上衣以自织自染的蓝色布料制成，为右衽立领，在领边和袖口均镶有五色栏杆式滚边"梅条"，衽边和下摆边沿

图7　花保式苗族妇女盛装

（来源：笔者2021年11月摄于花垣县）

则以织锦作为装饰，刺绣工艺复杂，线色丰富多样，欣赏价值和工艺价值极高；女下装常穿百褶短裙，男装女装均有绑腿、围腰、头帕、花带、钩鞋、银饰等。

图8　靖州花苗服饰

（来源：石明凤供图，2019年摄）

2. 湖南省草苗服饰及其特征

草苗是苗族文系的一支，主要分布在湘、桂、黔交界的弄基拉维山（三省坡）山

锦绣非遗
纺织服饰文化研究

地地区，湖南境内的草苗主要分布在怀化市通道县。通道草苗的显著特点就是"说侗话唱汉歌"，其服饰（图9）既不同于当地的侗族，也不同于当地的老苗，有其自身的特点，以自纺自织自绣自制而成，其苗锦尤其具有特色❶。

草苗妇女上穿黑色右衽衫，衣长过膝，较宽大，衣襟、衣袖皆镶花边，钉铜扣或银扣。下穿短式黑色百褶裙或长裤，短裙几乎被上衣覆盖，只露出一点边。腰系苗锦宽腰带。小腿上套上镶花边的腿套。挽髻于脑后，包青色滚花边头帕，帕角呈三角形垂于两肩之上。平时赤足或穿草鞋，节日穿绣花鞋，并佩戴银牌、银锁、银簪等银饰。

图9　通道草苗服饰

（来源：龙孟玩供图，2021年摄）

五、湖南省苗族服饰制作技艺传承现状

（一）湖南省苗族服饰类非物质文化遗产代表性项目代表性传承人概况

表3所列为湖南苗族服饰类非物质文化遗产代表性项目代表性传承人，共18名，主要分布在湖南省湘西自治州、怀化市。其中，湘西自治州有12人，含省级传承人2人、州级传承人4人、县级传承人6人；怀化市共6人，均为市级传承人；传承人当中，最大年龄为72岁，最小年龄为42岁，平均年龄59.3岁。

---

❶ 朱慧珍. 草苗历史与风俗考析［J］. 广西民族大学学报：哲学社会科学版，1998，20（1）：50.

表3　湖南省苗族服饰类非物质文化遗产代表性传承人名录

序号	姓名	性别	民族	出生年份	传承人级别	传承人批次	年龄	项目名称	项目级别	项目类别
1	王钊	女	土家族	1963	省级	湖南省第三批	61	苗族服饰	国家级	民俗
2	龙红香	女	苗族	1955	省级	湖南省第四批	69	苗族服饰	国家级	民俗
3	龙老香	女	苗族	1956	州级	湘西自治州第六批	68	苗族服饰	州级	传统美术
4	刘正姐	女	苗族	1954	州级	湘西自治州第六批	70	苗族服饰	州级	传统美术
5	田冬连	女	苗族	1963	州级	湘西自治州第七批	61	湘西苗族服饰	州级	民俗
6	麻凤姐	女	苗族	1967	州级	湘西自治州第八批	57	苗族服饰	州级	民俗
7	陆顺凤	女	苗族	1959	市级	怀化市第三批	65	通道花苗服饰	市级	民俗
8	杨仕群	女	苗族	1968	市级	怀化市第三批	56	通道花苗服饰	市级	民俗
9	王天銮	女	苗族	1962	市级	怀化市第三批	62	通道草苗服饰	市级	民俗
10	龙孟玩	女	苗族	1968	市级	怀化市第三批	56	通道草苗服饰	市级	民俗
11	石明凤	女	苗族	1976	市级	怀化市第六批	48	花苗服饰	市级	民俗
12	潘秋莲	女	苗族	1981	市级	怀化市第六批	43	花苗服饰	市级	民俗
13	石金坐	女	苗族	1953	县级	花垣县核准第一、二批	71	苗族服饰制作技艺	国家级	传统技艺
14	宋杰慧	女	汉族	1981	县级	花垣县核准第一、二批	43	苗族服饰制作技艺	国家级	传统技艺
15	龙香玉	女	苗族	1969	县级	花垣县第三批	55	苗族服饰制作技艺	国家级	传统技艺
16	龙洁花	女	苗族	1962	县级	凤凰县第三批	72	苗族缝纫	县级	传统技艺
17	廖素梅	女	苗族	1955	县级	凤凰县第三批	69	苗族缝纫	县级	传统技艺
18	王水英	女	汉族	1982	县级	凤凰县第八批	42	苗族服饰	县级	民俗

注　表中的省级、市（州）级非物质文化遗产代表性传承人名录为完全统计，截止时间为2023年12月；县级非物质文化遗产代表性传承人名录则为不完全统计。

（二）湖南省苗族服饰类非物质文化遗产代表性项目代表性传承人简介

1.省级非物质文化遗产代表性传承人及其事迹简介

（1）王钊（图10）：女，土家族，高级工艺美术师，1963年11月出生，保靖县人，2014年被认定为湖南省省级非物质文化遗产代表性项目代表性传承人，创立了湘西毕果民族服饰公司，承接了湘西自治州四十年、五十年州庆活动的民族服饰100余款服饰的设计与研制；2002年主持定型设计的土家族服饰通过国家相关机构的认定；2008年为北京奥运会开幕式、闭幕式设计并制作土家族舞蹈演员服饰；2010年为广州亚运会、上海世博会设计并制作苗族、土家族舞蹈演员服饰；2014～2019年作为核心成员参与制定了湖南省地方标准《土家族服饰》。

（2）龙红香（图11）：女，苗族，1955年4月出生，凤凰县山江镇老家寨村人，2018年被认定为湖南省省级非物质文化遗产代表性项目代表性传承人，现任职于凤凰县山江苗族博物馆，主要从事明、清时期苗族精品服装文物的修复、仿制和帮带苗族服饰传承人。经她手修复清代苗族服饰、苗绣作品多件入选湖南省文物图谱。2021为湘西自治州花垣县抗日革屯博物馆复制一批苗族服饰，2021年和吴四英共同研制的山江苗族服饰被湖南省技术监督局认定为中国苗族山江式标准服装。

2.市（州）级非物质文化遗产代表性传承人及其事迹简介

（1）龙老香（图12）：女，苗族，1956年10月出生，花垣县石栏镇人，2015年被认定为湘西自治州州级非物质文化遗产代表性项目代表性传承人。2009年创作的苗族服饰作品在湘鄂渝黔边区首届民族民间旅游商品暨民间工艺大师评选大赛中荣获金奖，并被授予"民间工艺美术大师"的称号。2012年创作的《仿古婚嫁女装》等作品在湖南工艺美术职业学院主办的"学院奖"评选赛中荣获铜奖2项。2015年，全国政协副主席贾庆林赴其工作坊视察工作，并对其手工服饰产品给予好评。2016年将自己创办的苗绣、苗族服

图10　王钊

（来源：王钊供图，2020年摄于吉首市）

图11　龙红香

（来源：笔者2021年11月摄于凤凰县山江镇）

图12　龙老香

（来源：笔者2021年11月摄于吉首市）

饰传习基地打造成湘西自治州"让妈妈回家"公益项目下的首个示范性基地。

（2）刘正姐（图13）：女，苗族，1954年12月出生，花垣县麻栗场镇人，2015年被认定为湘西自治州州级非物质文化遗产代表性项目代表性传承人。她擅长苗绣针法和苗族服饰缝纫技艺，常年为花垣县等地的苗族服饰博物馆制作样衣；2020年创办正姐民族服饰有限公司，带动100多名家庭主妇、绣娘在当地就业，先后开展6期苗族服饰、苗绣后备传承人培训活动。

图13　刘正姐

（来源：笔者2021年11月摄于花垣县麻栗场镇）

（3）田冬连（图14）：女，苗族，1963年8月出生，凤凰县林峰乡江家坪村人，2018年被认定为湘西自治州州级非物质文化遗产代表性项目代表性传承人，其创作特点是根据市场潮流、结合新老工艺，坚持推陈出新。2007年承接了红色主旋律电视剧《战士》演员服饰的设计和制作任务，作品受到剧组人员的高度认可。2008年受聘于凤凰县进修学校，培训了苗族服饰制作学徒300多人。

（4）麻凤姐（图15）：女，苗族，1967年4月出生，花垣县吉卫镇双排村人，2021年被认定为湘西自治州州级非物质文化遗产代表性项目代表性传承人。系苗族服饰制作世家第五代传人，18岁起开始潜心苗族服饰研究，并在实践中对传统服饰加以改良和再创作，其产品远销邻省贵、川、渝。2016年在湘西自治州"指尖上的湘西"民族文化创意大赛中荣获"服装"职工组优胜奖。

图14　田冬连

（来源：田冬连供图，2021年12月拍摄于凤凰县）

（5）石明凤（图16）：女，苗族，1976年10月出生，靖州县江东乡人，怀化市第六批市级非物质文化遗产代表性项目代表性传承人。曾先后数次为靖州县、新晃县的周年庆典、飞山文化旅游节等重大地域

图15　麻凤姐

（来源：麻凤姐供图，2020年10月摄于花垣县）

旅游文化活动制作苗族服饰8000余套。2017年创作的作品在"中国·凤凰苗族银饰服饰文化节"中荣获二等奖。2018年创作的作品赴意大利参加第73届"杏花节"文化交流活动；同年，创立了花苗服饰传习所，已培养出唐瑜、张书兰等为代表的一批县级非物质文化遗产代表性传承人。

（6）潘秋莲（图17）：1981年5月出生，靖州县三锹乡菜地村人，怀化市第六批市级非物质文化遗产代表性项目代表性传承人。其外祖母曾是最有名气的苗族服饰制作老艺人之一，由于长期在外祖母的熏陶和指导下，她16岁便学会了织锦、挑花、刺绣等各种传统手工艺，20岁时掌握了花苗服饰的全套制作技艺。2017年起创办了苗锦苗绣传习所，积极开展苗锦、苗绣、花苗服饰制作等技艺传承人，培养花苗服饰学徒10余人。2018年在湖南省民族宗教事务委员会举办的"少数民族传统手工艺品展示展演活动"中荣获一等奖。同年，在湖南省农民工"六项全能"技能素质提升竞赛的决赛中荣获单项奖。

（7）龙孟玩（图18）：苗族，1968年1月出生，通道县大高坪苗族乡大高坪村人，怀化市第三批市级非物质文化遗产代表性项目代表性传承人。龙孟玩10多岁时就随母亲学习草苗服装制作，研习和制作草苗服饰40多年。2018年以来共举办了15场服饰展演，开展了草苗服饰研习、交流活动20场，培养了以王满浓、潘仙勤为代表的一批学徒。

图16　石明凤

（来源：石明凤供图，2021年摄于靖州县）

图17　潘秋莲

（来源：潘秋莲供图，2020年摄于靖州县）

图18　龙孟玩

（来源：龙孟玩供图，2022年4月摄于通道县）

六、湖南省苗族服饰制作技艺传承与振兴发展状况

（一）苗族服饰制作技艺项目和代表性传承人新增情况

2021年1月，保靖县申报的土家服饰项目入选湘西自治州第八批州级非物质文化遗产名录（扩展名录）。2021年1月，麻凤姐被认定为湘西自治州州级非物质文化代表性项目代表性传承人。2021年11月，苗族服饰制作技艺项目列入"湖南省第一批传统工艺振兴目录"。

（二）苗族服饰相关"中国非遗传承人群研修研习计划"开展情况

2021年11月9日，2021年度"中国非遗传承人群研修研习培训计划—苗绣及苗族服饰设计"研修研习培训班结业典礼和成果汇报动态展演在湘西民族职业技术学院文体会展中心举办，本次培训本着"强基础、拓眼界、增学养"的研修研习培训宗旨，紧紧围绕"苗绣及苗族服饰"研培班的主题，带领学员跑市场和做调研，从技艺传承、产品创新、文化推广、品牌合作等角度出发，指导学员将苗绣的古老传统技艺与现代设计融合，最终设计、制作出创新型民族服饰、包袋等。

（三）苗族服饰相关地方标准制定情况

2019年7月24日，湖南省地方标准《苗族服饰第1部分：凤凰式》《土家族服饰》发布会在湘西经济开发区举行，通过民族传统服饰标准的制定，对民族传统服饰的款式、民族特色元素等进行规范，既增强服饰的普适性和工艺规范性，使之更加适应时代的需求和市场经济发展的需要，又加强对民族传统服饰的保护和传承，对推动服饰相关产业发展壮大影响深远。

（四）"非遗+扶贫"在湘西民族地区的实践情况

近年来，湘西自治州州委、州政府先后制定了非物质文化遗产活态传承的机制，持续给予非遗扶贫政策引导与支持，用于传统工艺振兴与非遗扶贫奖补政策落实落地的州级财政投入年度资金近千万元。

2016年3月，湖南省湘西自治州挂牌建立全国第二个传统工艺工作站暨湘西传统工艺工作站，下设非遗扶贫就业工坊10个，"让妈妈回家"基地6个，传统工艺振兴示范企业2个。其中，自2017年起，湘西地区探索并实践了"让妈妈回家"公益项目。该项目以湘西苗绣为主打元素，通过对苗绣、苗族服装及其配饰进行系列化升级研发和生产来带动当地"绣娘"返乡就业。自项目实施以来，先后培养了一批苗绣、苗族服饰等非遗扶贫带头人和产品研发设计师，使湘西州的服饰制作企业和非遗文创

企业得到快速成长，涌现出了七绣坊、农家女、成菊织锦等一批代表性企业和石佳、林杰、黎承菊、王良玉等一批文化扶贫带头人，有效地带动了区域文化扶贫就业增收❶，让零散的苗绣迈上了规模化、集约化之路。

通过"文化＋产业"成就家门口的精准脱贫，"文化＋创意"让古老手艺走向时尚卖场❷，使苗绣、织锦、挑花、苗族服饰制作等手工产品在市场上走俏了起来，包括织染纺绣、传统服饰制作在内的各类传统工艺工坊、基地、传习所得到快速成长，其数量由2017年的47个增至2021年的90多个，非遗文化、文创产业产值达35.13亿元，产品销往国内和10余个国家、地区❸。

湘西民族地区立足实际情况，充分发挥丰富的非遗文化资源优势，把文化生态的科学保护、服饰制作传统技艺的传承同脱贫攻坚有机结合起来，助力各族同胞脱贫致富，促进社会、经济、文化的协同发展。

（五）苗族服饰文化对外宣传推广及文旅产品研发生产情况

非遗服饰产业产品的经济价值离不开市场检验，让非遗产品从"深闺"走进大众消费市场，让苗族文化走出大山，走向世界，在赢得掌声的同时，也带来更多经济效益，让蕴含民族文化价值的服饰产品形成自主品牌、产生较高溢价，方能促进非遗服饰产业经济的良性循环，从而实现苗族文化的传播、品牌的塑造、制作技艺的传承和产业经济发展。

2018年5月，"七绣坊"的苗族服饰产品参加了巴黎国际展。同年6月，国际知名奢侈品爱马仕公司设计师为"七绣坊"设计了12套苗绣元素时装，由绣娘们亲手制作，还参加了法国波尔多业内时装秀。同年9月，"七绣坊"品牌创始人石佳随湖南省领导出访波兰、捷克、比利时，受到国外领导人亲切接见，在交流的过程中让苗绣文化在东欧绽放。目前，"七绣坊"生产的苗绣旗袍、手包、屏风等50多种服饰产品远销英、法、日、韩等国家。

2019年，以湘西苗族刺绣服饰为题材的电影《嫁衣》参加好莱坞第十六届"世界民族电影节"，荣获电影服饰秀板块最佳服饰设计奖，这是《嫁衣》继获得第十四届2017加拿大（温哥华）金枫叶国际电影节优秀影片奖、第十六届中美电影节优秀

❶ 刘世树.湘西：文化如何赋能脱贫攻坚［N］.中国民族报，2020-12-11.
❷ 周芳.文化扶贫的湘西实践［N］.中国民族报，2020-12-11.
❸ 彭业忠，向靖.湘西"非遗＋"赋能脱贫加速度［N］.湖南日报，2020-11-26.

影片提名奖、第四届中国海上丝绸之路国际电影节优秀影片奖以来，斩获的又一殊荣❶。《嫁衣》用现代的光影技术立体地展示苗族刺绣的远古、厚重的民族文化内涵，参展中频获殊荣，表明电影本身所阐释的传统民族文化底蕴得到世界性认同。这是湖南地区乃至全国在民族文化研究、保护和传承及向对外宣传方面的又一次生动实践，体现了丰厚的民族文化内涵和强大的民族文化自信。

2020年1月8日，全国乡村春晚网络联动凤凰分会场"竹山赶年"迎新春大戏热闹上演，整场联动活动表现了在党的阳光照耀下，湘西苗族、土家族的喜乐情怀。同时，还将湘西民族地区特有的神秘元素作为切入点，将文艺、活动、旅游、振兴乡村等相结合，探索文旅融合发展，推进民族特色文化交流、振兴乡村文化的新路径❷。其中苗族服饰走秀《银秀》，将苗族华美的盛装精彩呈现，充分展示、传播了苗族银饰服饰文化和苗族历史文化，让海内外的观众充分领略到苗族银饰服饰的神奇魅力。

2022年3月14日，长沙海关为湘西巧手翠翠贸易有限公司出口日本的6560个刺绣手袋签发了RCEP原产地证书，这批苗绣产品成为湘西自治州非遗手工艺品出口享受RCEP关税优惠的第一单。湘西巧手翠翠贸易有限公司准确定位在将湘西苗绣与现代设计相结合，成系列的开发出来苗绣包袋、服装及其他工艺产品，并逐步推向国际市场，赢得海外消费者的青睐，取得了良好的经济效益和社会效益。以2021年为例，公司销售额近1200万，其中外贸出口额达700多万元。公司负责人麻银志在接受红网湖南频道媒体采访时说道："让苗绣走向世界，让世界看到湘西苗绣服饰品，这是的我返乡创业的初衷，如今有了湘西海关帮助和各项优惠政策，我对未来苗族服饰产业的发展有了更多信心"。

（六）苗族服饰生产基地（企业）带动当地妇女就业情况

2021年，湘西自治州苗族服饰生产基地（企业）直接带动当地手工艺妇女就业累计超过430人。其中，金毕果民族服饰有限公司97人，湘西巧手翠翠贸易有限公司300人（含建档立卡的贫困户100多人），妈汝民族服饰有限责任公司12人，古丈县农家女素绣有限公司21人。

---

❶ 麻美垠. 湘西苗绣题材电影《嫁衣》获第十六届世界民族电影节最佳服装设计奖 [N]. 湖南日报，2020-4-29.

❷ 龙文玉，麻正规，吴东林. 2020全国乡村春晚网络联动凤凰分会场"竹山赶年"迎新春大戏热闹上演 [N]. 团结报，2020-1-10.

锦绣非遗 纺织服饰文化研究

070

（七）苗族服饰制作技艺相关展览赛事情况

2020年9月22日，湖南省少数民族传统手工艺品展演展示会在永州江永县举行，来自全省24个少数民族县市区及溆浦县的34件少数民族传统手工艺品参展，其中囊括了瑶族刺绣、湘西苗绣、苗族挑花、花瑶挑花等传统手工艺品，最终评选出 2 个特等奖、6 个金奖、7 个银奖、8 个铜奖。

2021年9月22日，湖南省少数民族传统手工艺品展演展示会在怀化市新晃侗族自治县举行，来自湘西州、怀化市、邵阳市等六个市州的 22 件少数民族传统手工艺品参加评选，其中来自湘西自治州的苗绣作品《祥兴瑞兽》等3件作品均荣获一等奖。

七、苗族服饰制作技艺传承与振兴发展中存在的问题与对策

（一）苗族服饰制作技艺传承中面临的问题

1. 生产环境变化不利于苗族服饰制作技艺的传承

湘西自治州和怀化所辖通道县、靖州县等湖南省苗族服饰制作技艺的重要传承地，同时也是经济相对落后的地区，不少中青年为了提升收入水平而选择外出务工。以湘西自治州为例，据2020年湘西统计年鉴数据，当年该州跨省外出人数超过35万，占该地区常住人口总量的12%左右。

外出工作和生活使人们服饰穿着习惯发生明显变化，即日常穿着现代服饰，仅在苗族传统节日（苗年、四月八、龙舟节、吃新节、赶秋节）等活动时穿着苗族服饰。返乡人们的穿衣习惯又给苗族聚居村落的人们的穿着习惯带来了影响和冲击，尤其是部分现代服饰物美价廉、穿用便捷、方便从事劳作；与之相反，苗族服饰穿用时间更多是在本民族节日、旅游宣传、商业会演等活动。

因此，苗族服饰的生成环境正在日趋快速地改变，苗族人民穿着本民族服饰的目的、场合都在发生变化，苗族服饰文化也面临着现代多元文化的冲击与围堵，这些均给苗族传统服饰文化的发扬传播、服饰制作技艺的传承带来不利影响。

2. 手工制作与机器生产的边界日趋失衡

苗族传统服饰制作是依托于手工织布、染色、刺绣、挑花等纺染织绣传统工序制成，而今商品化为导向的服饰生产制作正在被专业化、产业化的机器所代替或者部分代替。以苗族服饰制作中的重要装饰工艺即苗绣为例，目前呈现在苗族服饰产品上的

手工苗绣所占比重日趋减少，取而代之的是机绣，而机绣往往良莠不齐，也容易产生粗制滥造产品，这一方面不同程度地拉低了商品档次，削弱了传统苗族服饰产品的深厚文化价值，更令人担忧的是这样会让苗绣核心技艺面临流失风险，其工艺流程整体性也会遭到破坏，传统纹样色彩的丰富性被削减。

机器加工的生产方式虽然极大地满足了人民获得性价比较高的日常穿着服饰，相关产业获得了巨大的经济利益，然而对保护苗族服饰制作技艺的整体性、多样性、真实性造成了很大的冲击，随之而来的是服饰产品所蕴含的文化内涵也会被快速削减，产品所承载的民族文化的分量被减轻，甚至导致本民族服饰文化面临消失的危险。

事实上，手工制作和机器生产的矛盾一直存在于包括纺染织绣、服饰制作等传统技艺乃至整个传统工艺领域，二者的边界如何控制也是各个传统工艺行业、学术界颇具争议的问题。当然，没有任何一种传统工艺是一成不变的，我们应当鼓励和支持传承人，在传承传统技艺、坚守传统工艺流程和核心的基础上，对技艺有所创新和发展，但不能盲目地迎合市场需求，避免民族服饰产品同质化，防止民族和地域特色、文化内涵及价值被严重削减，因为长此以往不利于苗绣和苗族服饰及其产业的高质量发展和传统技艺的代代传承。

3.苗族服饰制作企业以家庭作坊居多，抗市场风险能力较低

服饰制作传统工艺产业依托自身厚实的服饰文化底蕴和长期加工经营的发展历史，加上地方政府的扶持和旅游产业的带动已初具规模，涌现出了以吉首金毕果民族服饰有限公司等为代表的经营范围涵盖传统工艺服饰制作传习、复制、研发、销售于一体的上规模的企业，并发展成为湘鄂渝黔边区最大的服饰制作类非遗项目保护性生产基地。然而，全省绝大部分传统服饰制作还是以家庭作坊形式存在，存在研发资金投入有限，研发能力不足，产品结构单一，抗市场风险能力较低现象。

4.传承群体断层与主体地位缺失

2021年底，笔者面访调研了全省绝大部分苗族服饰制作技艺传承人，纵观整个传承群体存在年龄结构不合理、老龄化严重（平均年龄59.3岁），传承人受教育程度整体偏低等问题。此外，年轻人留在家乡传承发展一门祖辈熟悉的传统服饰制作手工艺的往往是落在少数有能力有情怀的"能人"肩上，大部分青年传承群体难以稳定，老年传承群体随时面临着减少和消散的问题，而中年传承群体作为主力军通常也承担着养家糊口的重担，传承群体青黄不接，传统手工技艺人才面临断层窘境。同时，现在的年轻人在存在技艺水平远不如老一辈，而老一辈在审美意识、创新思维等方面又

存在不足。调研中还发现部分传承人的主体作用及地位并未充分发挥与彰显，一是受限于自身条件与认知局限客观因素；二是出于追求经济效率的考量而更热衷于工业化批量生产的商品，以至于传承人创新能力缺失、内在动力不足；三是一些政府部门谋求宣传效果和业绩而忽视"让妈妈回家"的技艺传承客观要求和规律，导致传承活动流于形式。

5.设计人员良莠不齐，缺乏创新理念；产品结构单一，未形成具有影响力的品牌

调研中笔者发现传承人当中接受过高等教育的仅1人，即既接受过现代艺术设计教育又具备传统技艺实践经验的融合创新型传承人屈指可数。而企业从业人员当中，有的受过现代设计教育，但对传统服饰文化缺乏深入研究，其所掌握的服饰制作技艺在广度、深度、熟练度都有待加强；有的从小受到本民族服饰文化的熏陶，因自小研习本民族服饰制作技术而手艺精湛，但是缺乏现代艺术设计思维，也对现代服饰生产先进工艺、料等缺乏研究与了解。前者在设计过程中，容易不自觉地舍弃了一些重要的文化元素和精湛的传统手工技艺，甚至不可避免地出现了不少民族特色不鲜明的服饰商品。后者坚守代代传承的服饰版型、手工技艺（如手工苗绣），却忽视了普通大众对该民族历史文化的认知水平、审美习惯都与创作者有偏差，也没考量普通消费者（主要是旅客）消费能力，最终出现纯手工服饰"叫好不叫卖"的现象，无法让传统技艺产品很好的转化成经济收益，长此以往不利于优秀民族服饰文化的传播和传统工艺的振兴发展。

（二）苗族服饰制作技艺振兴发展的对策

1.政府层面牵头做好顶层设计，制定并实施传统工艺传承与振兴发展的中长期规划

充分发挥政府在传统工艺传承与振兴发展中的组织和领导作用，各级政府需结合当地实际制定并实施传统工艺传承与振兴发展的中长期规划等。由点到面、由镇到省，摸清苗族服饰类非物质文化遗产的数量、存续现状，为科学保护夯实基础，完善国家、省、州、县四级非物质文化遗产名录体系，搭建非物质文化遗产公共服务平台，拓宽相关信息受众面。在苗族服饰重要传承地区建成一定数量的非遗技艺传习所，积极引导非遗传承人积极开展非遗传习活动，并为非遗传承人产品研发、宣传、展销和提供必要的支持。配套建成非遗数字化保护中心（或数字化博物馆），用数字化信息技术和互联网平台展示、传播、传承苗族服饰非物质文化遗产保护成果，弘扬中华传统文化。

2.发挥传承人主体作用，"政、企、行、校"联动，促进创新型人才的培养

充分发挥传统工艺传承群体的主体作用，构建从政府到企业、从代表性传承人到普通学徒的全方位保护体系，明确传承主体与保护主体的作用，各司其职。相关政府部门可以开展传统工艺传承人动态式管理工作，对省级传承人按照年龄归档，对不同年龄段传承人的传承任务、重点工作有所区别。

在传承人才培养工作事务上，政府、企业、行业需要增强联动作用，政府要充分发挥统筹作用，给予政策、制度、资金等方面的支持，高地院校和科研机构要发挥智力支持和人才支持效能，行业充分发挥资讯优势并给予及时指导，企业提供技术、设备和场地等优势资源，四方形成合力解决传承人才培养问题。

在完善政策和制度保障、人力物力支持的基础上，需要针对不同类型的传承人开展具有针对性、有所侧重的培训，以此快速储备传统工艺人才。比如，针对代表性传承人年龄老龄化严重但是其技艺水平精良的现实情况，可通过侧重提升他们的专业理论水平、审美能力、产品创新能力和市场营销能力，促进同行间交流，开阔他们的视野，提升他们对市场的感知力。而对于大部分以年轻人为主力军的普通传承人，针对其技艺水平的短板，需通过代表性传承人的开展实地传习指导、传统工艺研培计划、技能切磋竞赛等渠道提升他们的技艺水平。除此之外，还需在传承人队伍中培养更多的创新型高技能人才，这类将是未来传统工艺领域的振兴发展的领军人物，这批人才需要具备良好的职业道德、扎实的现代设计理论知识、精湛的传统技艺功底，同时不可或缺的是具有开拓的视野和文化、技术革新能力，并积极参与到传统工艺行业的重大生产决策咨询和重大技术革新中，才能更好地发挥代表性传承人的示范带头作用，激活传承队伍的创新创造内驱力，引领传统文化融入现代生活，带动传统工艺的高质量发展。

3.守护文化招牌，培育服饰品牌，增强核心竞争力

苗族服饰制作技艺中的大部分制作技艺（纺染织绣等）与人们的日常生活有着紧密的联系，手工艺产品本身被赋予了深厚的、优秀的地域文化特性，并已然成为地域特色文化符号，能够唤起当代人们对于传统文化的向往，激发人们的购买欲望。然而，目前市场上销售的不少苗族服饰产品存在民族特色不明显、文化符号辨识度较差、品牌溢价较低等问题。这就要求传统工艺生产经营者在生产实践中，首先需要深度挖掘自身传统工艺所包含的地域文化和历史背景，确保发挥自己的品牌中的文化特色；其次实施品牌文化传播与推广策略，提升传统手工艺品牌知名度和美誉度，唤醒大众内在的文化认同观念，以自身清晰、良好的品牌形象和价值取向来引导、转变市场需求而非简单迎合市场。因此，需要守护文化招牌，凸显文化符号，培育服饰品牌、加强品牌文化建设，从而实现从文化创意和品牌培育层面来提升产品的核心竞争力。

此外，苗族服饰制作技艺在生产实践中一方面需要坚守核心工艺底线，另一方面需要开展技术革新，创新工艺生产方式，从技术层面确保苗族服饰产品的核心竞争力。

4.合理开发和利用非遗服饰文化资源，促进苗族服饰制作技艺的传承、产业经济和社会的协调发展

苗族服饰制作技艺传承和振兴发展过程中要注重其文化内涵的传承和开发，并且从文化传承与传播视角而言需要尽可能保持本真的文化内涵，使之成为少数民族聚居区域服饰文化发展的文化资本，这是非遗文化资源转化为文创产业资源、旅游资源和经济利益的重要基础。

社会发展步入新的时代，当今服饰领域日新月异的新材料、新工艺、新设计理念不断涌现，人们的审美标准会随着社会的发展而不断发生变化，对服饰品需求也呈现多样化，苗族服饰制作技艺需要坚持活态化传承，传统工艺需要与大众消费市场不断互动，传统与现代需要互相取长补短、兼容并蓄，在保持传统文化精华的同时把民族服饰演绎成更具时代感，更具有传播本民族文化的载体，更具有地域特征和民族特色文化符号，更具有品牌溢价的商品，从而推动苗族服饰制作技艺在新的历史时期高质量地发展。

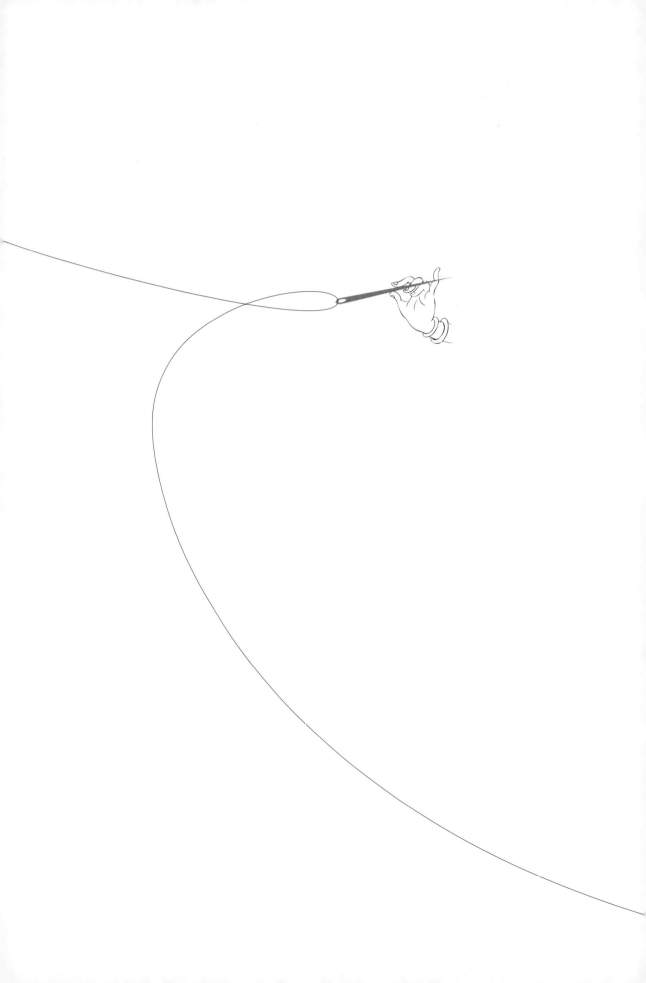

探索非遗蜀绣在高校的教育教学路径

李莎，黄雨涵，陈凡

（成都纺织高等专科学校，四川成都，611731）

摘要： 非物质文化遗产是我国优秀传统文化的重要组成部分，蕴含着中华民族特有的精神价值和文化内涵。蜀绣与苏绣、湘绣、粤绣并称四大名绣，起源于3000多年前的巴蜀，是川渝地区刺绣技艺、地域文化、民俗风貌的典型特色代表。然而，蜀绣面临市场的淘汰——由于科学技术迅猛发展，电脑绣花大量充斥市场，不但价廉美观而且产品形式多样，蜀绣却因为耗时长、原材料成本高、对技艺技术要求高、产品种类形式单一等因素逐渐退居市场边缘，蜀绣开始淡出人们的视线和生活。市场的边缘化致使蜀绣技艺人才的严重断层，蜀绣非遗文化消解异化，蜀绣面临着断代和失传的危机，蜀绣能否传承，能否发展？培养蜀绣传承人，振兴蜀绣产业刻不容缓。

关键词： 非遗，蜀绣，文化，发展，教育

蜀绣，起源于3000多年前的巴蜀，是中华传统、工艺美术中的一块瑰宝。蜀绣的兴衰，与川西平原的自然环境条件、文化氛围、政治经济有着非常密切的关系。川西平原的气候温润，适宜栽桑养蚕，同时由于地理位置得天独厚，蜀绣技艺得到了极大的发展。蜀绣精美、细腻、工艺价值高，一针一线都代表着匠人们的智慧和勤劳。工业革命的兴起和发展，逐渐让机器代替了手工。电脑绣花洪流般充斥市场，不仅价廉美观而且产品形式多样，蜀绣手工行业遭遇了空前的危机：蜀绣匠人大量地被迫改行、流失；蜀绣资料、针法技艺流散、缺失；人们对传统手工艺的关注度不再敏感。蜀绣开始逐渐淡出人们的视线。

2006年，蜀绣被列入国家非物质文化遗产保护名录，重新进入人们的视野，开启了一个新的历程。在被列入国家非物质文化遗产保护名录后，曾经的蜀绣匠人们开

始陆陆续续重拾蜀绣技艺，蜀绣的生产和经营开始遍地开花。在政府、行业企业的大力支持下，蜀绣技艺得到新的发展，但是其传承依旧面临问题。

一、蜀绣传承面临的问题

（1）传统蜀绣技艺主要靠"师带徒、口口相传"，没有规范统一的语言、文字记录，技艺的传承会出现偏差。

（2）蜀绣的传承多靠蜀绣行业企业、蜀绣大师工作室等内部培训，缺乏政策、经费、场地等方面的保障，教学基础薄弱，续力不足，导致优秀的蜀绣非遗文化和技艺教学难以持续性开展。

（3）在蜀绣行业企业、蜀绣大师工作室的培训教学中，蜀绣教育缺乏学科专业作为基础和支撑，使得传承人的文化素质教育、艺术审美能力与技艺技能培养脱节，优秀的蜀绣非遗文化和技艺难以"创造性转化、创新性发展"。

（4）缺乏对非遗文化的深度认知，蜀绣人才储备力不足。

二、蜀绣文化技艺传承与发展需求

（一）基于蜀绣技艺技法传承的需求

蜀绣是中华民族艺术瑰宝，其发展几经波折起伏、踟蹰不前甚至青黄不接，优秀传统蜀绣文化逐步式微。这带来了传承人的断代和技艺人才的断档、蜀绣非遗文化消解异化等问题，蜀绣技艺传承急需一个统一、有效的培训课程教学体系，以利于技艺技能型人才的后续培养。

（二）基于蜀绣企业、行业发展的需求

近年来，由于政府的关注和重视，蜀绣产业作为推动经济转型、弘扬民族文化、促进社会就业的重要产业，发展取得了一定的成绩。但与苏绣、湘绣相比，落后追赶的态势没有改变，发展形势并不乐观。人才的缺失、产业链的不完整、品牌建设的不完善等阻碍了蜀绣行业、企业的发展。行业发展需要集传承、创新、推广为一体的专业技能型人才。

（三）基于蜀绣产品设计创新的需求

蜀绣教育缺乏学科专业作为基础和支撑，割裂了"文化与技艺"不可分离的非遗

锦绣非遗
纺织服饰文化研究

特质。蜀绣发展急需集产品设计、创新与文化素养并重的高素质人才。

三、解决途径

成都纺织高等专科学校是西南地区唯一的纺织高等专科学校，地处蜀绣之乡——成都郫都区，理应肩负蜀绣非遗传承教育的重任。为落实《关于实施中华优秀传统文化传承发展工程的意见》精神，有效解决蜀绣非遗传承面临的传承人群文化素养不高、创新发展能力不足，教育体系不健全等问题，我校自2009年建"蜀锦蜀绣研究中心"（现更名为"蜀绣研究中心"）起开展蜀绣非遗文化技艺等研究，探索实践校内外非遗传承，通过2010年国家骨干高职院校建设，构建了兼顾学校教育与社会教育的蜀绣非遗传承教育体系并从2013年开始实施。

（一）构建蜀绣非遗教育课程体系，有效解决了人才培养缺乏系统性的问题

本套教育体系以"知文化、承非遗、精技艺、善创新"为总体教育目标，设计了"一主线四针对四层次"培养模式。针对校内学生、服装专业学生、蜀绣专业学生、传承人群等四类对象构建不同课程体系，分类培养，实施了体验式、项目化、现代"师徒传习式"等教学模式。

（1）开设"刺绣设计与工艺"专业，编写专业课程体系，培养具有"高素质、高技能"的蜀绣专业技艺人才。

2016年我校申报"刺绣设计与工艺"专业，专业于2017年获批并在同年招收了第一届学生。在专业申报之初，专业团队教师大量走访蜀绣企业、行业，记录调研蜀绣行业企业需求，以培养行业企业人才为目标，搭建了专业课程体系。专业建设紧紧围绕"文化与技艺"并重的人才培养目标，以保护和传承非物质文化蜀绣技艺为目的，开设了刺绣技艺、创新设计等课程；从技艺和创新两个层面入手，培养从事蜀绣产品创新设计、绣品制作、蜀绣生产技术管理、蜀绣品牌策划、蜀绣产品销售等工作的高素质高技能创新型专门人才（图1、图2）。

（2）在学院开设"中国传统手工技艺"课程，编写课程标准，构建服装专业蜀绣毕业设计等"非遗+时尚"专业融合课程。

2013年在学院开设"中国传统手工技艺"课程，该课程是一门服装专业基础课程。课程通过对中国传统手工技艺的学习实践，从中国传统服装服饰设计到传统元

图1　国家级工艺美术大师孟德芝指导学生刺绣　　图2　四川省工艺美术大师邬学强指导学生刺绣

素，使学生了解中国传统手工技艺的种类，掌握传统手工技艺在服装上的设计运用及传统手工技艺的创新设计运用。同时，通过对传统手工技艺的学习，在非专业学生中普及非遗文化，扩大刺绣技艺受众群体。

课程内容包括蜀绣、羌绣、钩盘绳结、传统服饰的盘纽襻花、镶嵌绲包、贴补、传统手工印染等，多角度、多方向地普及中国传统手工技艺，着重强调非遗蜀绣文化与服装服饰的结合与创新，围绕"非遗＋时尚"的理念，提升非遗蜀绣技艺实用价值，探索非遗蜀绣技艺在服装服饰设计上的创新路径，达到传承发展中华民族传统文化技艺的目的。

（3）面向全校师生开设"刺绣业余培训班"，在校内普及非遗蜀绣文化技艺，搭建校内宣传平台和实践场地。

2013年，蜀绣教师专业团队在校内开设了"刺绣业余培训班"，以普及宣传刺绣技艺为目的，招收校内业余蜀绣、羌绣爱好者，为校内业余爱好者搭建学习和实践平台。课程注重强调了理论教学，要求学生了解蜀绣、羌绣的历史文化知识点，了解蜀绣、羌绣的种类特点，了解蜀绣、羌绣的刺绣材料工具，了解图案的构图和色彩的特点，掌握刺绣产品制作工艺过程，掌握刺绣基础针法技艺。学生在课程中尝试蜀绣、羌绣艺术品及实用品的创新、产品设计与制作，调动学生学习兴趣，以达到学生持续化学习的目的。

（4）承办国家"非遗蜀绣传承人群普及培训"和"非遗蜀绣传承人研修研习培训"，构建针对社会人群的蜀绣专业教学课程体系，为社会蜀绣人才培训提供教学参考。

2016年我校被中华人民共和国文化部与教育部确定为"非物质文化遗产传承人

锦绣非遗
纺织服饰文化研究

群研修研习培训计划"首批执行高校，从2016年3月第一期"非遗传承人群（蜀绣）普及培训班"开班，至今培训已招收五期蜀绣普及培训学员及两期研修研习培训学员，共计398人，其中12人成长为市级大师，4人成长为省级大师。

蜀绣传承人培训课程的设置，充分考虑了蜀绣传承人群"色彩绘画基础弱、设计构图能力不足、基础针法技艺不牢固"的情况，安排了素描、色彩构成、图案设计、蜀绣基础针法技艺等课程。在教学中因材施教，构建了一套针对社会人群的蜀绣专业教学课程体系。同时，开设了绣品鉴赏、大师作品赏析等相关课程，进一步提升培训人群的审美能力和艺术素养（图3）。

（5）建立集设计制作、文化技艺技术研究、教学等功能为一体的"蜀绣大师工作室"和校内外蜀绣基地。

图3　四川省工艺美术大师袁伟指导非遗传承人刺绣

2009年，成都纺织高等专科学校成立了"蜀绣研究中心"，中心现由"蜀绣大师工作室""绣艺苑学研馆""蜀绣工坊"三部分构成，建筑面积达800平方米。同时，中心在校外与郫县（现为郫都区）安靖政府、郫县安靖蜀都绣娘合作社共建"设计创新基地"，下设"安靖蜀绣产品创新研发中心""纺专蜀绣产品研发工作室"及"蜀绣非遗文化技艺实践教学基地"；与郝淑萍大师工作室、邬学强大师工作室、孟德芝大师工作室、杨德全大师工作室、北川绣娘合作社、茂县兴秀羌绣培训学校签订了实训基地。共建立研究中心与实训基地12个、双创工作站2个，与安靖蜀绣之乡相关企业实现人员互派学习交流。

（6）建设了一支"大师＋教授"领衔、"能工巧匠＋骨干教师"为中坚的专兼一体双师非遗教学团队。

以蜀绣研究中心为平台，集合了学校专业教授、教师团队，国家级蜀绣大师孟德芝、省级蜀绣大师袁伟、省级蜀绣大师暨国家级大师工作室领衔大师邬学强等蜀绣技能技艺大师，组成了"教授＋大师"的高素质、强技艺的师资团队。

培养青年一代文化与技艺并重的非遗蜀绣技艺教师，形成"老中青教师梯队"，实现非遗教师技艺技能多元化。

依托非遗蜀绣传承专业教学，引入我校非遗教学师资库的专家、教授、大师及能工巧匠近50人。涵盖绘画、艺术设计、技能技艺、生产管理、产品开发、电商运营、商品陈列、奢侈品运营等领域。

（二）建立标准、编著书籍用于教学与人才培养

学校蜀绣中心主任朱利容教授编写了首个蜀绣、羌绣职业技能标准，中心教师团队编著出版了《蜀绣》《羌绣手绣制作工（初、中、高级）》等4部教材，填补了蜀绣、羌绣史上无技能标准与教材的空白，《蜀绣》为纺织服装高等教育"十二五"部委级规划教材，也作为中国非物质文化遗产传承人群研修研习培训计划（蜀绣项目）学员自主选择的参考教材，教材系统地介绍了蜀绣的历史发展、图案设计、蜀绣针法技艺、蜀绣产品创新设计、蜀绣大师事迹等内容，规范了蜀绣专业名词、技艺技法名称。该书被国内高校作为教材使用和图书馆藏书使用。《羌绣手绣制作工（中、高级）》职业技能培训及鉴定教材已用于阿坝州兴绣职业技能培训学校、平武县传承职业培训学校、北川羌绣合作社等作为教材使用。

（三）加强校企合作深度，对接、服务蜀绣行业和企业，积极关注行业动态，及时调整教学课程及教学内容，保持行业的高度灵敏性

我校与安靖蜀绣之乡、蜀绣企业以及蜀绣、羌绣、彝绣行业内大师、传承人群、绣娘建立了十余年友好合作关系。专业教师为成都市蜀绣工程技术研究中心专家委员会成员与成都市蜀绣产业技术创新联盟副理事长。教师队伍坚持深入安靖蜀绣社区学院开展教学培训、社会服务咨询。教师以项目化教学为导向，以企业需求为目的与蜀绣企业、大师工作室合作项目化课程教学及产品设计研发。共建共享安靖蜀绣基地、纺专蜀绣基地等校内外实训基地。

每年定期回访蜀绣行业、企业，掌握企业人才需求及行业风向，按企所需，调整教学计划，优化人培方案，发挥高职院校在技能型人才培养上的独特优势，也为非遗蜀绣的传承教学探索一条长远发展的道路。

四、取得的成果

中心教师团队指导学生作品参加各省市级蜀绣大赛，取得各项赛事奖项共计40

锦绣非遗
纺织服饰文化研究

多个。2014年"基于服装设计专业的蜀绣羌绣技艺拓展性教学实践"项目获得中国纺织工业联合会"纺织之光"教育教学成果一等奖。2018年"基于学校专业特色的蜀绣非遗传承教育的探索与实践"获国家级教学成果一等奖及四川省第八届教育教学成果一等奖。2022年在第三届"黄炎培杯"中华职业教育社非遗创新大赛中,"蜀绣非遗创新型人才培养的探索与实践"项目获得第三届"黄炎培杯"非遗教学成果奖三等奖,我校获得了"非遗教育特色院校"奖。

五、非遗蜀绣教育教学面对的问题及解决办法

首先,非遗蜀绣现有的教学方式、手段跟不上信息化教学的速度。

传统的非遗蜀绣教育是以"师带徒""手把手"的形式为主,这种形式的优点是一对一教学针对性较强,教师教授技艺夯实,学生学习基础扎实。缺点是专业学生人数众多,教学时间拉长,教学资源分配不均衡。

非遗教学难在手工技艺的演示和作品绣制指导,传统教学手段难以适应非遗蜀绣教学,为满足高职阶段教学和学生技能技艺掌握,可建立适用于高职院校非遗专业蜀绣技艺技法视频教学资源库,完整、系统地收录蜀绣针法技艺、作品绣法的教学过程。学生可反复观看,课前预习,课中辅导,课后复盘。教学视频资源库可提高学生学习的积极性和主动性,间接缩短了课堂与实践指导的距离,同时也提高了教学效率。

其次,学生对非遗认知片面单一,应加强课程思政,培养民族自豪感和自信心。

青年一代对蜀绣、对非遗文化的认知不够,是导致蜀绣人才储备不足、断代的原因之一。蜀绣一针一线都尽显功底和勤劳,"慢工出细活"在蜀绣中体现得淋漓尽致。老一辈人对绣花的概念停滞在守旧的阶段,以致青年一代对绣工的职业了解度和认知度都不够深入且片面。在课程教学中,特别是职业教育课程、技艺技法课程、创新创意课程,都应融入课程思政的理念,强调中国传统文化的重要价值,培养民族自豪感和自信心,培养对非遗类职业的信念和职业荣誉感,树立正确的职业价值观。

2006年,从蜀绣入选第一批国家级非物质文化遗产名录开始,随着国家对非物质文化遗产保护一系列工作的深入开展,越来越多的人开始关注非遗的保护与传承。高校具有人才培养、科学研究、社会服务和文化传承的职责使命。在拥有得天独厚的师资力量、教学场地、科研平台的同时,应当肩负起传承与保护非物质文化遗产的重任。我校在对非遗蜀绣传承路径的探索中取得了一些成绩,也在不断接受新的挑战。

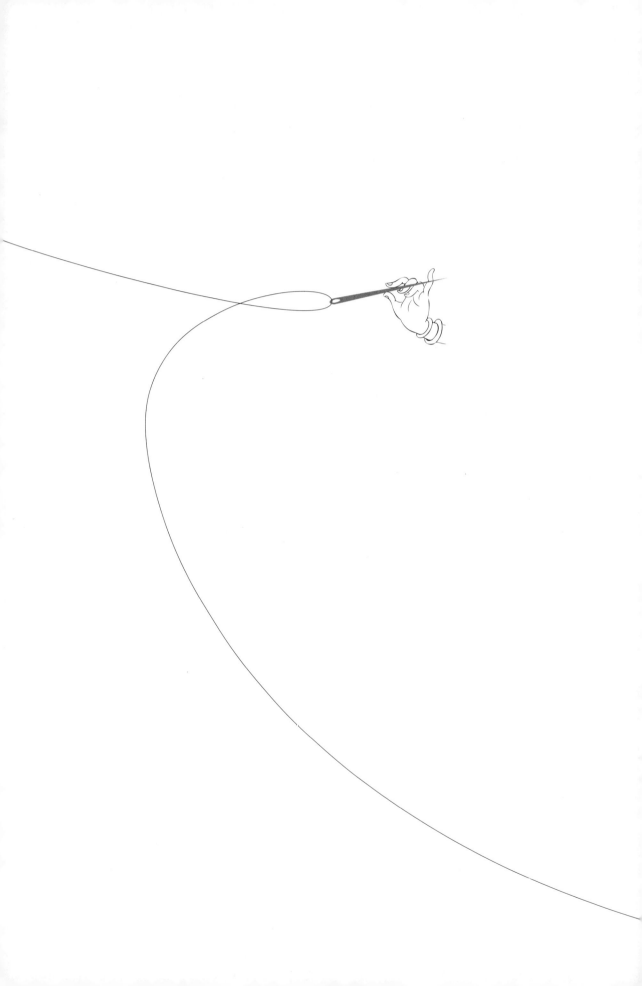

三星堆大立人像及金沙铜立人像服饰审美内涵探析

冯燕，陈宇

（成都纺织高等专科学校，四川成都，611731）

摘要： 中国古代服饰文化体现了民族文化审美内涵，三星堆和金沙遗址是中国多元一体文化的一个重要组成部分。三星堆大立人像、金沙铜立人像的服饰体现了古蜀先民的审美意识形态和先进的织造水平，展示了夏商中晚期古蜀的服饰审美的高度，体现了中华文明多元化一体的独特性。三星堆大立人像、金沙铜立人像的服饰研究对古蜀历史文化研究具有重要意义。本文以三星堆大立人像、金沙铜立人像的服饰作为研究对象，从服饰形制、结构、图案以及配饰解读分析、研究，同时将三星堆大立人像服饰和金沙铜立人像服饰进行对比分析，探析古蜀服饰的主要特色及变迁和服饰文化所体现出的审美内涵及哲学思想。

关键词： 三星堆大立人像，金沙铜立人像，服装结构，纹样，配饰

一、三星堆大立人像、金沙铜立人像服饰研究背景

三星堆坐落在中国四川省广汉市西北一带，位于鸭子河以南。20世纪20至30年代，广汉月亮湾燕家院子发现玉石器，原华西协合大学博物馆进行了首次发掘。50～60年代，考古工作者在三星堆遗址不断开展调查和试掘。1980年后，三星堆考古进入系统发掘和研究阶段，以"三星堆文化"命名。1986年，两个祭祀坑的发现"一醒惊天下"。1986年8月，在三星堆2号祭祀坑中出土了一尊巨大的青铜像。铜像分为两部分，上面是172cm高的铜像，下面是80cm高的铜座，整个铜像高262cm，重约180kg。铜像的形态雍容华贵，体现了古代古蜀人民的精神信仰和审美意识。它是古蜀文明的重要见证之一。朱彦民在《殷墟玉石人俑与三星堆青铜人像服饰的比较研究》中阐述了三星堆先民服饰受中原文化的影响，呈现出冕服、礼服等特点，但又

与中原文化有鲜明的不同，如左衽、窄袖、衣尾等，展现了古蜀典型服饰风格。

之后在成都金沙遗址的考古发掘中，发现了大量的青铜器、金器、玉器、象牙、陶器等文物。金沙铜立人像和三星堆大立人像在手势姿态和服饰风格上有很强的相似性。两者都是站在底座上，衣服为交领长袍，有缝隙，长至脚踝，戴高帽，整体服饰呈现出庄重高贵的风格。《成都商报红星新闻报》在2021年9月9日发布的《从上"新"的小青铜立人，看三星堆与金沙的关系，三星堆新发现》一文中论证了三星堆和金沙两个遗址一脉相承的文化渊源。

二、三星堆大立人像与金沙铜立人像服饰

（一）三星堆大立人像与金沙铜立人像服饰艺术风格

1. 三星堆大立人像、金沙铜立人像服饰结构特征

三星堆的大立人像站在一个基座上，身体长而直，双臂弯曲，赤脚。头上戴着一顶圆顶的帽子，形状像一个环，前高后低，头的后面有一个长方形的孔洞，用来束发时插入一支发簪起固定和装饰作用。大立人身穿长袍，贴合身体，内外有三层服装。最外面的长度大约到膝盖的顶端，右肩袖，袒露左胸。中层和内层服装前面和后面都是V形的领子。内层服装最长到脚踝，左右后方呈燕尾状。中层服装最短，右侧开衩，外层服装露左肩单肩设计，衣服上面有丰富精美的图案装饰，肩部和胸部有编织的绶带装饰，绶带在大立人的背部打结（图1、表1）。

图1　三星堆大立人像及其线稿图

表1　三星堆大立人像服饰结构

服装分层	服装分层 3D 效果图	服装款式图	解析
外层			①外层是单臂式短衣，长度大概为73cm，下摆长度到人体大腿中部 ②领口是从右肩延续至左腋下的左袒结构 ③领口下方一圈装饰着方格纹的绶带，绶带在背后做打结，应该是一个可以调节松紧、长度的带饰设计
中层			①中间一层是V形领半袖式短衣，这层衣服的长度稍比最外层短，衣长64cm，呈左右对称的结构 ②衣身分为前片和后片，袖子是连裁式的半袖
内层			①内层是窄臂式长衣，呈左右对称的结构，V形领，领部前开深14cm ②下摆前面比后面稍短，前长116cm，后衣长118cm，下摆到达小腿中部，能盖住小腿最粗的位置，露出脚踝，后两侧下摆角呈燕尾状，燕尾长18.5cm下垂到脚踝

　　金沙铜立人像矗立在一个正方形的基座上，穿着一件长度到膝盖下方的中长服，因为铜像的锈蚀严重，服装纹样细节不得而知。人物的腰部系着带子，腹部腰带上斜插权杖，杖头呈拳头状，手腕间戴有箍形腕饰，整个造型极具三维空间感（图2、表2）。

图2　金沙铜立人像及其线稿图

表2 金沙铜立人像服饰结构

金沙铜立人像实物照片	金沙铜立人像线稿	服装款式	解析
			金沙铜立人像身着单层中长服，右衽，腰间系带，腰部前面腰带上下有两排密褶

金沙铜立人像由立人和嵌件两部分组成，高14.6cm，嵌件高5cm，整体高19.6cm。铜立人像的头有明显破损，光着脚站在一个方形基座上。虽然三星堆的大立人像和金沙铜立人像在高度和大小上有所不同，但它们在造型上非常相似，同样的手部姿势，空手中似乎握着什么东西。这两尊青铜立人像足以说明三星堆文化和金沙文化的渊源，金沙遗址是三星堆文化的延续。

2.三星堆大立人像与金沙铜立人像服饰纹样特征

三星堆大立人像虽然在地下沉睡几千年，但出土后仍能清晰地看到其服饰上的装饰纹样。纹样造型生动，组织形式多样，线条流畅细腻，人们不得不佩服古蜀工匠手艺的精湛，可以推测这个时期的纺织手工业达到了相当成熟和完善的阶段。根据清华大学黄能馥的《三星堆龙纹铜像修复研究与发展报告》得知，铜立像的服饰由四组龙纹组成。大立人像服饰纹样的工艺很可能与1974年陕西省宝鸡市茹家庄西周早期墓中发现的丝织品刺绣残片一致，是辫子绣的刺绣工艺。如果这个推论是正确的，说明蜀绣的历史可以追溯到商代。因此，大立人服饰上丰富精美的纹样不仅体现出古蜀装饰纹样的多样性和丰富性，而且具有很高的文化审美价值，是深入研究古蜀服饰文化的重要资料，对进一步研究古蜀服饰的结构、图案特征、服饰搭配具有重要的现实意义。

三星堆大立人赤脚站立于方形怪兽座上，身穿云龙纹华丽外衣，神情庄重肃穆，外衣上纹饰繁复精丽，以龙纹为主，辅配鸟纹、虫纹和目纹等，身佩方格纹带饰。外衣的右侧有两条竖线状的图案，一条在内侧，是蚕纹；另一条在外侧，是几何化的兽面纹图案。中层服装是V领短袖，左后方有肩背部龙纹代表四方之龙和中国之龙。最内层是一件袍衣，前胸短平，长裙到脚踝，前面和裙裾上有一幅带锯齿冠的兽面纹。人像脚上有脚镯，他赤脚站在兽面的方台上，兽鸟图案镌刻在基座上，象征着崇高的地位（表3）。

表3　三星堆大立人像服饰纹样

服饰纹样	解析
	外衣和中层服装左后方的龙纹代表四方之龙和中国之龙，是青铜大立人像身份高贵的象征
	大立人像内层袍衣，长裙，前底摆短平，后底摆长于前，后底摆左右两角到脚踝。前后裙裾上有一幅带锯齿冠的兽面纹
	外衣的右侧有两条竖条图案，内侧是蚕纹和目纹
	外衣的右侧有两条竖条图案，外侧是几何化的兽面纹图案，将复杂烦琐的兽面纹简单化绘制，但其几何状的眼睛纹仍着重强调了古蜀人的眼崇拜

3. 三星堆大立人、金沙遗址铜立人配饰特征

金沙遗址与三星堆遗址出土的两座青铜立人像，在面部表情、手部位置、姿态等方面都非常相似，但金沙遗址出土的青铜立人像头部造型更为奇特，设计更为细致复杂。青铜大立人头戴花状高冠，冠顶中间似盛开的花朵，两侧似叶。

金沙铜立人头戴有13道弧形齿饰的太阳帽，脑后垂下的为精心打理过的三股发辫，脸部瘦削，眉弓突起，颧骨高凸，橄榄形大眼圆睁，大鼻，嘴如梭形，微张，方

下颌，大耳朵，耳垂下有穿孔，短颈。他穿着一件交领中长袍，袖子合身，腰部扎有腰带。青铜立人头上的弧形冠应该象征着光芒四射的太阳。这种造型与金沙遗址发现的"太阳神鸟"金器相似，不同的是"太阳神鸟"金器是太阳的12个角，顺时针旋转，而小铜立人冠圈是13个角。太阳的光芒是不可估量的，金沙遗址中两个太阳符号的数量可能没有更深的含义，但十二道金光可能代表一年中的十二个月或一天中的十二小时。如果是这样，十三道铜光会不会是对月亮的隐喻？日出日落，昼夜变化，四季循环轮回，让人们直接感受到太阳神奇的生命力量，所以人们对太阳的信仰无疑是最简单直接、最朴实原始的崇拜（表4）。

表4　三星堆大立人像、金沙铜立人像配饰

人像	三星堆大立人像	金沙铜立人像	
配饰	花状高冠	锯齿状太阳冠	短杖
解析	青铜大立人头戴花状高冠，冠顶中间似盛开的花朵，两侧似叶。形状像一个环，前高后低，有一个长方形的洞，用来插入一小块圆形的发髻	青铜小立人戴着13个锯齿状太阳冠，冠上面有高高的螺旋齿，应该象征着光芒四射的太阳。这种造型与金沙遗址发现的"太阳神鸟"金器相似，不同的是"太阳神鸟"金器是太阳的12个角，顺时针旋转，而小铜立人冠圈是13个角	青铜小立人腰间插着可能具有权力象征的短杖，金沙遗址曾出土过一柄金色的短杖，因此这柄短杖极有可能象征了小立人尊贵的身份
配饰线稿			

（二）三星堆大立人像和金沙铜立人像服饰对比分析

1.三星堆大立人像和金沙铜立人像服饰结构的异同

在三星堆一号坑和二号坑出土的两尊铜像中，仍然可以看到三星堆服饰的独特艺术风格。从整体的服饰风格对比可以清楚地看到，整个古蜀服饰层次分明，服饰上的装饰图案和造型手法有所不同。三星堆大立人像头戴高冠，服装分为内外三层，窄袖、半臂，三层外衣造型精美，图案装饰复杂，是古代具有崇高地位领袖或巫师的服饰。金沙青铜小立人与三星堆大立人在服饰结构上有所不同。金沙小立人在衣着服饰较为简单，只有一件单层长袍，腰部扎有腰带，在袍子上形成密褶，腰间插有一根短杖，散发着王者的威严。三星堆大立人和金沙铜立人的头发都编成辫子，或梳成发髻，发式整齐，整体服装造型是身份和地位象征。

金沙铜立人像和三星堆大立人像都站在基座上，看上去严肃而庄重，似乎在主持一个神圣而重要的仪式。至于青铜像所代表的身份，学术界有不同的说法，如大巫师、蜀王等，无论哪一种，铜立人像都应该代表古蜀掌管宗教或行政权力的上层贵族。

2.三星堆大立人像与金沙铜立人像服饰纹样的异同

三星堆大立人像采用节段铸造法，中空体，分为人像和底座两部分。铜像外衣装饰纹样复杂精美，以龙纹为主，辅以鸟纹、蚕纹、眼纹等图案，身上佩戴饰物，其精致细腻的制作在夏商周考古史上无与伦比。从服饰特征来看，三星堆大立人像与同时期的殷墟、新疆洋海先民的人像有很大的不同。殷墟服饰更加复杂、凝聚、沉稳，新疆洋海先民的服饰文化吸收了更多的欧亚服饰文化元素，受到地理环境、气候的影响，羊毛服饰是其主要特征。三星堆大立人像服饰特点与前两者都不同，更多的是神秘与灵巧，呈现了特立独行、极富特色的本地服饰文化。

金沙立人像的服饰纹样由于腐蚀严重没有保留下来，但是金沙遗址作为三星堆文化的延续，在立人像服装纹饰上也有类似的装饰。在已有的研究中，我们已经知道两座铜立人像均为当时古蜀国上层阶级占统治地位的人物，那么在金沙铜立人服饰上也应该有代表其身份地位的纹样装饰。

3.三星堆大立人像和金沙铜立人像服饰配饰的异同

三星堆大立人像与金沙立人像相似，都是立体、耳垂穿孔、方脸，做相同手势，都拿着从双手穿插的某种器物。三星堆出土的大立人像身材高大修长，梳笄发，后脑勺无辫子，头戴复杂的兽面冠，身着服饰丰满多层次的长袍，没有束腰带。金沙遗址出土的小立人像跟大立人比较更加矮小精悍，有长长的辫子，后脑勺有一个简单的漩涡冠，腰间有腰带，腰间别着一根短手杖，身着是简单的单层和中等长度的服装。造型方面，三星堆青铜大立像的眼睛较为夸张，眼尾向上斜，眼睛中间有一条水平线，形成曲面凸出的豆荚造型，而金沙遗址青铜立像的眼睛为水平排列，眼睛呈橄榄状，中间没有水平线。

三星堆遗址埋藏坑处于商代中晚期，而金沙遗址则处于商代晚期至西周早期。三星堆文化早于金沙文化。因此，我们可以推断，金沙铜立人像可能是仿照三星堆大立人像的样式铸造的，比三星堆大立人像晚，所以它才带上了较晚时代的烙印。

三星堆和金沙遗址出土的青铜立人特征相同，说明它们都被认为是最高统治者的形象，彼此之间有一定的联系。它们的头饰、发型、服装、腰带、脸部、眼睛和嘴形的明显差异，足以证明其代表两个不同的族群。换句话说，三星堆和金沙遗址出土的青铜人像可能代表了两个不同族群最高统治者形象。

（三）三星堆大立人像和金沙铜立人像服饰艺术内涵

三星堆大立人铜像，头戴莲花状兽眼高冠，冠上有鸟兽图案，冠中间有小圆太阳状图案，衣服上还绘有或绣有不对称的动物图案，比如鸟纹、夔龙纹、卷云纹、鸟纹等象征大自然的图案，它们都反映了古蜀人对太阳、鸟、动物等的崇拜。

三星堆服饰主要体现了古蜀人的审美意识，通过服饰的形制以及繁复装饰纹样、精湛的工艺展现出古蜀先进的纺织服装水平。塑造了掌握神权的巫师形象，庄重感和神秘感的精神追求。金沙铜立人像的服饰简洁，主要穿戴的配饰体现了地位的尊贵。三星堆遗址和金沙遗址发现的古蜀时期服饰反映了等级社会的发展中礼仪和礼节习俗的逐步强化。三星堆遗址与金沙遗址是在同一个社会文化艺术发展的体系中形成的，反映了古代社会古蜀人服饰艺术文化的基本特色。从出土青铜立人服饰艺术的总体风格形式上，我们仍然可以深刻感受到了古蜀人民独特丰富的跨地域民族艺术特色和民族精神的追求。古蜀地区服饰艺术具有独特的形制、装饰方法和设计风格，也为整个商周服饰史领域增添上了一层新的色彩，使我们对中国服饰艺术起源历史的深入探索增加了一个新的空间维度，让我们更加关注古蜀文明的辉煌。

三、结论

古蜀历史非常久远，关于蜀国的历史在先秦文献中没有详细记载，三星堆和金沙遗址的青铜人像为我们研究古蜀服饰提供了依据。从服饰的形制上可以看出，金沙遗址所出土的铜立人像是三星堆大立人像的继承和延续，在其后的历史中慢慢互相融合，并对商周以后的中华服饰文化具有一定影响。从三星堆大立人像外袍长至脚踝可联系到中华文化服饰中"垂衣裳而天下治"的礼制，由商代到西周，冠服制度逐步确立，对维护当时的统治和社会秩序，起着不可或缺的作用，体现了商周时期权力的高度集中；同时也体现了"天人合一"的服饰形制内涵。"天人合一"是我国古代传统文化的核心，这种理念和人生理想追求体现在古代服饰的设计中，体现了古代服饰的外在形式的审美和深层意蕴。三星堆大立人服饰中的许多细节体现了天人合一的理念。

三星堆大立人和金沙铜立人展现的是掌握神权的巫师祭祀的形象，今天它不再具有宗教意义，但仍然具有极其珍贵的文化价值。三星堆、金沙遗址的青铜立人像的服饰体现了古蜀先民的审美意识形态和织造水平，展示了夏商中晚期古蜀的服饰审美的高度，体现了中华文明的多元一体的独特性。

三星堆所出土的青铜人像精美生动地展示了古蜀人的形象和服饰，这些符号反映了古代四川文化的复杂性和丰富性，融合了古代图腾崇拜、祖先崇拜、神崇拜和古代自然崇拜等多重内涵，不仅具有深刻而重要的美学和艺术价值，还对进一步研究四川古代经济社会、服饰的演变和系统理解古蜀人的宗教思想具有重要的学术价值。

金沙遗址是三星堆遗址文化的传承和延续，其文化内涵、文化载体在历史出处上基本上是一致的，三星堆大立人像、金沙铜立人像的服饰研究能够让人们进一步了解古蜀时期社会的发展变迁。古蜀服饰文化作为中国古代服饰文化的一个重要分支，为我们提供了宝贵的资料和线索，有助于我们更全面地了解中国服饰文化的历史和发展。

参考文献

[1] 陈立基. 悦读三星堆 [M]. 成都：四川文艺出版社，2018：12-13.

[2] 李涛. 俯仰天地与中国艺术精神 [M]. 北京：人民出版社，2011：76-88.

[3] 孙晓鹏，韦姗杉. 夏商西周时期北方中原融合型青铜器初步研究——以太行山东麓和燕山南北考古发现为例 [J]. 中原文物，2015（5）：68-75，99.

[4] 郎剑锋. 吴越地区青铜时代的太阳崇拜——一种青铜杖饰的文化解析 [J]. 东南文化，2015（4）：72-80.

[5] 李社教. 三星堆文化与美学研究 [J]. 湖北师范学院学报：哲学社会科学版，2007（1）：31-35.

[6] 黄能馥. 复原三星堆青铜立人龙纹礼衣的研发报告 [J]. 装饰，2008（S1）：157-160.

[7] 甄娜. 古蜀三星堆与金沙服饰艺术解读 [J]. 美术界，2013（5）：85.

[8] 张海霞. 三星堆青铜人像的审美内蕴 [J]. 湘潮（下半月），2011（5）：42，44.

[9] 王悦婧. 商至西周时期青铜艺术中的人物形象研究 [D]. 济南：山东大学，2014.

[10] 郎剑锋. 吴越地区出土商周青铜器研究 [D]. 济南：山东大学，2012.

[11] 刘芊. 中国神树图像设计研究 [D]. 苏州：苏州大学，2014.

[12] 吴豪夫. 三星堆文化青铜器研究 [D]. 南昌：江西师范大学，2015.

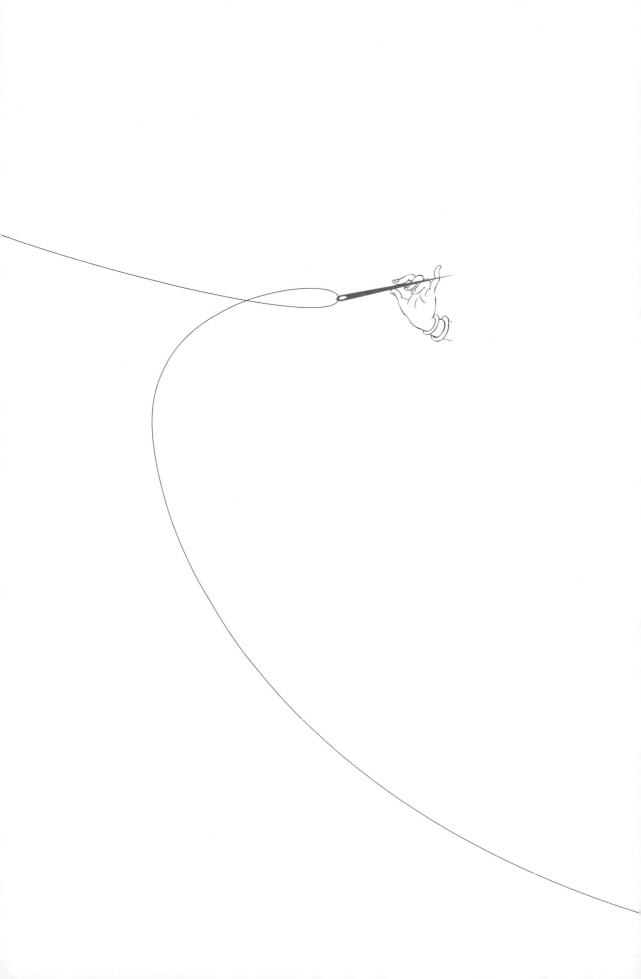

"乡村振兴＋文化赋能"战略下传统康巴藏靴的传承与创新设计研究

刘晓影，李梅，太扎姆

（成都纺织高等专科学校，四川成都，611731）

摘要： 藏靴作为藏族人民日常生活必备品之一，充分反映了藏族人民的生活特征。藏靴文化有着悠久的历史，其鲜明的地域特色和民族风格极具代表性。本文以康巴藏靴为例，通过对藏靴的起源、特点、价值、未来发展等方面的研究，得出藏靴相关文化启示，为传统藏靴保护与传承发展提供理论基础。

关键词： 康巴藏靴，起源，特点，价值，发展

藏靴是藏族传统手工艺的重要载体之一，是藏族服饰文化的重要组成部分，是众多中华优秀传统文化中一颗璀璨的明珠，其丰富的藏族文化内涵和独特艺术形式无不显示了早期游牧民族的伟大智慧。随着藏靴传承人老龄化、传承方式单一、产品设计不够新颖、销路受限等困境产生，独具特色的传统藏靴手工艺濒临失传。因此，保护、传承与发展藏靴文化和技艺将成为传统服饰研究的重要课题之一。

一、藏靴的起源

藏地因不同地区海拔高度不同，其温差较大，如低海拔地区温度相对较高，而高海拔地区温度普遍偏低，且阴雨、雪天气较为常见。游牧民族根据各地自然环境、气候条件等因地制宜采用牛皮、羊毛、条绒、氆氇等原材料制作足以支持放牧、交流、居家等场景的鞋靴。据现有史料可知，传统藏靴制作工艺距今大概有上千年的历史。最初，边远高原地区如西藏、青海、甘肃、云南、四川甘孜、阿坝等地主要依靠做藏靴这门技艺谋生。在民族地区社会发展进程中，藏靴扮演着十分重要的角色，过去，

其作为传统手工业，是当地村民的主要经济来源；现在，藏靴作为青海省省级非物质文化遗产，是对外输出中华优秀传统民族文化的象征符号。

藏靴在藏族中统称为"杭果"，是高原地区游牧民族集体智慧的结晶。藏靴用料、制作工艺及用途充分体现了传统手艺人因地制宜的智慧思维。藏靴的用途从最初满足保暖、防潮、耐穿等基本生活需求到今天逐渐演变成充分适应各民族地区节庆日的特色文化氛围营造。随着经济社会的飞速发展，藏靴从原料选择、色彩搭配和款式设计等方面有了更多元的考虑，充分结合了市场的需求。同时，在多民族文化百花齐放的新时代，藏靴在实用性和时尚性的基础上也衍生出更多的中华优秀传统文化寓意。

二、藏靴分类

（一）按照原材料分类

大体上，藏靴根据原材料不同主要分为全牛皮靴、条绒靴、氆氇靴三种。全牛皮靴与条绒靴的正面靴头上缝有十字造型，条绒靴鞋帮采用灯芯绒缝制，镶以大红布而成。典型的嘎洛鞋为氆氇靴，主要以牛皮为底，鞋帮辅以氆氇缝制而成，鞋带用细毛绒编织。

（二）按照用途分类

藏靴根据用途细分有骑马穿用的长筒靴，定居穿用的毡靴、喇嘛穿用的中筒红布腰靴和僧人所穿的"夏东玛"、僧人跳神或唱藏戏时穿用的"搭噶拉姆"藏靴等。其中，僧人所穿的"夏东玛"，一般是用一整块熟牛皮做成的连底皮靴，其制作工序与俗靴基本相同，靴面用红绿色相间的毛呢装饰，靿上也有色彩艳丽而庄重的线条和花纹。地位较高的僧人与活佛一般穿着厚底彩色锦缎靴"热松木"和靴面镶红、黄、蓝、绿、紫五色彩缎的钩尖彩靴"甲银纳给"。作为戏服配饰的"搭噶拉姆"藏靴，其款式与配套的服装搭配，造型夸张、华丽。靴面上有三只眼睛，为表演格萨尔王、松赞干布等国王战斗时所穿用的靴子。

（三）按照地域分类

传统藏靴按照地域分为西藏西部藏靴（图1）、康巴藏靴（图2）、西藏北部安多藏靴（图3）、青海什加藏靴（图4）等。西藏高原地域辽阔，文化各异，每个地区都有自己独特的藏靴。如西藏西部的阿里地区藏靴男女款式与当地的孔雀服装相呼应，绝美浪漫。康巴地区藏靴则以"哲浪"款式为主，整体造型与康巴人魁梧的身形不谋而合。安多处于藏北草原腹地，属于高海拔、低气温且多风雪地区，因此其藏靴底采用3~8层牛皮贴合而成，中间夹以麻绳缝制，再加上一双以熟化鞣制的绵羊皮袜，达到防湿、防冻、防磨脚的功能。因此，一双安多藏靴的特色和工艺考究主要看鞋底，其鞋底具有独特的地域特色和民族风格。除此之外，近几年青海黄南江什加村的藏靴因其结实耐穿、造型美观、用料考究而盛名远扬。

图1　西藏西部藏靴

图2　康巴藏靴

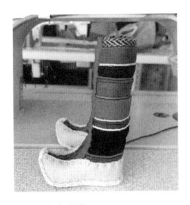

图3　安多藏靴

图4　什加藏靴

三、康巴藏靴的特点

　　传统康巴藏靴是一种以毛皮为料，红色、黑色氆氇间隔拼缝，鞋面前端向上翘起，靴筒上饰有一条中缝线的传统藏靴。其中男靴鞋面和鞋底分离，靴底为叠层且边缘有纹路，女靴鞋面和鞋底为一体。将裤腿套于靴筒内用彩带绑紧，既保暖防潮，又防蚊虫叮咬（图5、图6）。

图5 传统康巴藏族女式藏靴　　　　图6 传统康巴藏族男式藏靴

传统康巴藏族男女因在生活中主要劳作工种的不同，劳作环境有所差异，而使得传统康巴藏族男式和女式藏靴在靴底、靴帮和装饰设计、材料选择和工艺制作等方面均有独特之处。

（一）康巴藏靴靴底

传统康巴女靴鞋底由牛皮制成，底多为白色，靴底与靴面通过包缝连为一体。靴底缝制时用钩针穿上皮绳从鞋底皮内侧缝制，鞋底外观看不到缝线和针脚，最终鞋底皮将鞋帮边缘包裹起来形成船状（图7）。

传统康巴男靴鞋底与鞋面分开缝制，由皮料制成，鞋底有叠层，常见有3～7层牛皮纳在一起，用粗毛线缝3～5cm厚。鞋底面前帮和后跟处装有铁钉，防滑耐磨，非常适合骑马，也适合在雪地、山地等环境穿着（图8）。

图7 女靴靴底　　　　　　　　图8 男靴靴底

（二）康巴藏靴靴帮

常见康巴藏靴有松巴鞋和嘎洛鞋。松巴鞋靴面常用红、蓝、绿、黄等颜色的丝线绣出彩边；靴面为氆氇或黑色布料；靴筒高至腿肚部位，后边开约15cm的长口子，以保证靴子穿起来方便，天热时亦可将靴筒挽下。嘎洛鞋靴帮用三层毪氆材料缝合而成；鞋尖如船端上翘，鞋跟和鞋头采用黑色皮包缝；靴面用黑色牛皮条和丝线镶边处理；靴筒用带有条格等简洁图案的毪氆材料拼接而成。靴筒后腿肚部位开口处加羊皮加固。

传统康巴女靴和男靴帮面款式相似，鞋面用黑色和红色相间的毪氆粘缝，鞋尖上翘，靴筒至鞋尖有彩色细条纹装饰，花纹竖立，穿着时用100cm的彩带在靴筒上部缠紧。靴帮上图案通常选择色彩艳丽、搭配和谐且富有装饰性的图形，极具民族风格和地方特色（图9）。

（三）康巴藏靴的装饰

康巴藏靴具有独特的地域特色，靴腰有中缝，镶以锦缎，两侧用红色条饰，用彩色呢料、毪氆或条纹面料装饰。靴筒常采用染黑的牛皮条或金丝线镶边，结实且美观（图10）。

图9　传统康巴男靴　　　　　　　　　　图10　传统康巴女靴

四、康巴藏靴的价值

康巴藏靴作为康巴藏族人民日常生活用品之一，不仅具有极强的穿着实用价值，也作为藏民经济生活方式的主要来源，更是凝聚了当地居民的民族精神文化。

（一）实用价值

康巴地区位于我国青藏高原的东北部，所在地区气候变化多端，昼夜温差较大。在生产方式上，北部地区以放牧为主，南部地区则是半牧半农。受地域环境及生产生活方式影响，藏靴成为藏族人民防风、抗寒的重要生活品之一。传统藏鞋多以靴为主，传统牛皮长筒靴密封性好，夏天可防雨，冬天在雪地行走不湿、保暖，十分适合牧区的自然环境。藏靴非常适合骑马，其鞋底肥厚，夹在马镫里不易掉，同时，靴筒宽松的设计使人即使被卡住从马上摔下来时脚也能顺利从靴筒中脱出来。

（二）经济价值

藏靴制作所需材料主要为原生兽皮或手工家织毛织品，其材料来源与当地人们日常生产生活息息相关。通过游牧、打猎等生活方式提供稳定的藏靴制作材料，藏靴不仅能够保证藏民的日常生活所需同时也保障了其生活的安稳和安全所需，藏靴逐渐成为藏民重要经济来源之一，也是农牧区之间物资双向交流的纽带。人们可以通过售卖藏靴和包袋等皮革产品，交换牛羊肉或现金，同时，随着西藏、青海、四川等地区旅游业的迅速发展，也推动了藏族传统手工艺品行业的发展。藏靴作为藏族传统手工艺品中的典型代表亦备受人们青睐。

（三）文化价值

服装服饰产品作为人们生活必需品之一，其通过款式、色彩、材质、造型、图案等方式反映着某一地域的社会现象、文化现象。其通常与某一民族的历史、文化发展紧密相连，极大地体现了该民族的智慧和审美。因生活方式、地理环境等因素的影响，藏族人民基本上长期生活在高原地带，地域相对封闭，逐渐形成了特殊的地域文化。同样，传统藏靴在款式、造型、色彩、图案、材质肌理等方面的形成与发展亦受到当地藏族人们所生活的自然环境、人文环境的影响，从而形成了丰富多彩、独具一格的藏靴文化。各地区、各时代的藏族人们，通过对藏靴的款式、材质、图案、装饰件等的不断改进和完善，逐渐形成了藏族各不同地区特有的特色藏靴文化。其中红色作为火焰色，象征着热情和勇敢，给人力量感；白色犹如白絮，代表洁净与清纯；黄色象征土地，充满生机和活力；蓝色作为天空色，象征着静穆和深远；绿色充满生命的力量。这五种非常单纯的色彩与青藏高原的纯净形成鲜明的色彩对比是藏族人民独特审美感受观念和情趣的浓缩，充分显示了藏族人民热爱生活、热爱大自然的强烈、质朴的思想感情。藏靴独特的设计及制作技法被赋予了浓郁的生命气息，其鲜纯靓丽的色彩更是鲜活生命力的表现。

五、"乡村振兴＋文化赋能"背景下康巴藏靴创新发展路径

党的十九大报告提出"实施乡村振兴战略，要坚持党管农村工作、坚持农业农村优先发展、坚持农民主体地位、坚持乡村全面振兴、坚持城乡融合发展、坚持人与自然和谐共生、坚持因地制宜，循序渐进"。这些战略为康巴藏靴产业当下发展

存在的桎梏提供了政策指引。康巴藏靴产业应与文化赋能深度融合，通过"非遗＋文旅＋乡村振兴"的模式（图11），在发展相关产业的同时传承中华优秀传统文化，将功能性和地域性的传统服饰文化厚植于乡土，进而达到乡风文明、乡村振兴的目的。

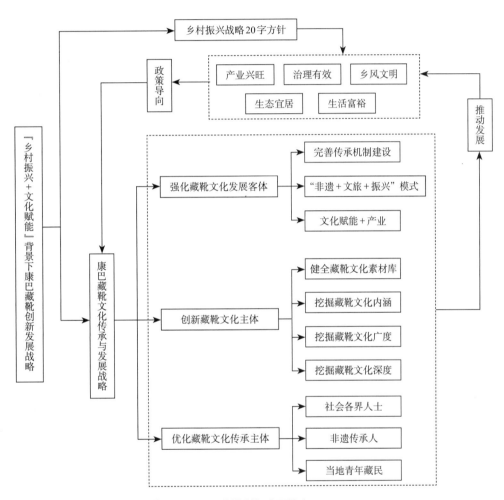

图11 "乡村振兴＋文化赋能"背景下康巴藏靴创新发展战略

康巴藏靴作为康巴藏族人们日常生活的必需品，其独特的文化内涵、造型设计以及优秀的传统手艺更是当地人发展经济的重要手段。其深厚的文化和技艺更加需要不断传承、发展和创新。

（一）基于"传承"主题的藏靴创新设计促进文化振兴

在经济高速发展的今天，藏靴不仅具备保暖实用功能，还是一个民族文化符号、精神符号的象征。随着社会的快速发展，人们对物质和精神方面的追求要求越来越高，对产品品质、品牌文化、民族文化、独特个性化等方面的要求不断提高，其中传统手工工艺产品凭借高技术含量及丰富的民族文化特色在市场上逐渐掀起一股独特的文化潮流。把藏靴的实用性和艺术性相结合，以生产高端精细且具有丰富文化底蕴的藏靴将成为推动藏靴产业健康发展的重要趋势。

（二）优化康巴藏靴文化传承与发展

众所周知，传统技艺是中国非物质文化遗产重要组成部分，其充分展现了中华民族智慧与文明的结晶，是中华优秀传统文化百花园中的瑰宝。继承和发扬中华优秀传统文化，必须坚持创造性转化、创新性发展。

推动康巴藏靴文化传承，需要以青少年、非遗传承人、社会各界人士为创造主体，应该注入更多青春活力，通过激发广大青年对藏靴的兴趣，以文创的研发、环境的设计等方式，推动康巴藏靴传统工艺相关工作成为大众化的创新创业项目，让更多"泛传承人"式的从业者敢于来接触，来传承，让每个人都成为非遗"年轻化"的探索者和见证者，推动藏靴文化产业的蓬勃发展。

（三）强化康巴藏靴文化创新发展

如果说"技艺传承与发展"是康巴藏靴未来弘扬、发展的主旋律，那么"创新设计"无疑是康巴藏靴能够被越来越多人接受的必备"法宝"。只有对文化传统坚持不懈地创新发展，推陈出新才能够让民族文化不断创新发展，走得更加长远，让民族文化逐渐融入日常，潜移默化提高民族自信。只有通过"传承+创新"，藏靴设计才能更加时尚、广泛应用于大众日常生活，让康巴藏靴产业朝着生活化、时尚化、市场化、国际化的方向发展。

六、康巴藏靴产品创新开发实践案例

（一）康巴藏靴文化因子提取路径

藏靴康巴藏靴的文化因子分为两种：一种是隐形因子中的语义因子：民族精神、情感态度、礼仪文化、宗教信仰；另一种是显性因子，显性因子中有五个小因子：材质因子，如靴面、靴筒和靴底材料；纹样因子，如花纹装饰；形态因子，如传统的康巴藏族女式藏靴和传统的康巴藏族男式藏靴；色彩因子，如靴面色彩和花纹纹样色彩；工艺因子，如手工缝制技艺（图12）。

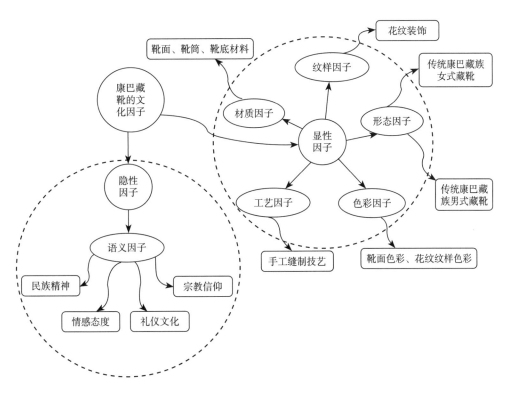

图12　康巴藏靴的文化因子

（二）康巴藏靴文创产品设计因子提炼

传统康巴藏靴以蓝、红为主色调，鞋面常用红、蓝、绿、黄等颜色丝线绣彩边，白色的牛皮用作鞋底，与鞋面包缝（表1）。

表1　康巴藏靴色彩设计因子提取

名称	因子原型	色彩因子提炼	语义因子提炼
传统康巴藏靴			蓝色：静穆、深远 白色：洁净、清纯 黄色：充满生机、活力 红色：热情、勇敢 绿色：生命、富有

在形态设计方面，传统康巴女靴在靴帮中缝处设计独特，不同颜色、材质布料搭配形成纵向细条纹形状；传统康巴男靴鞋尖上翘，靴筒到鞋尖有彩色的细条纹装饰，花纹是竖立的形式（表2）。

表2　康巴藏靴形态设计因子提取

名称	因子原型	因子特征线	显著特点
传统康巴女式藏靴			红条装饰，中缝镶锦缎
传统康巴男式藏靴			鞋尖上翘，花纹竖立

（三）康巴藏靴文创产品设计实践

1．"传承"主题康巴藏靴创新设计

此系列产品以"传承"为主题，保留传统藏靴形制和造型风格特色，在色彩和图案方面丰富款式造型。为适应藏族当地人的生活习惯，本系列藏靴造型上仍沿用鞋尖上翘、靴筒后开口、鞋底手工牛皮装有铁钉等藏靴独有设计。在色彩上选取了蓝色、红色、绿色等受传统藏族人民喜爱的传统色。在材料选择上，本次设计区别于传统藏靴牛皮、羊毛毡氇等传统材料，帮面材料融入了现代刺绣缎面材料，极大增加了鞋面的舒适感和美观性（图13）。

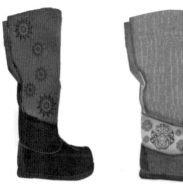

图13　康巴藏靴文创产品设计图（一）

2."创新"主题康巴藏靴创新设计

此系列是以"创新"为主题，将传统藏靴与时尚靴型相结合，以简约的设计风格为主题，在总体布局方面满足既有藏靴特色又符合大众审美的需求，以简洁的结构线条装饰，体现传统藏靴的美感，创造出能"穿得出去，用于生活，时尚潮流"的崭新藏靴。设计师不但对外观进行了改造，增加了鞋靴拉链与鞋靴鞋带，增加了功能性更利于穿脱，且优化了内部面料，使穿戴者穿着更加舒适（图14）。

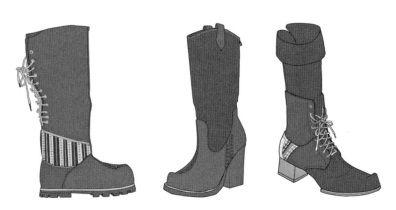

图14　康巴藏靴文创产品设计图（二）

七、总结

本研究立足于康巴藏靴文化传承与发展主体和康巴藏靴文化发展客体，以调研法为主，对"乡村振兴＋文化赋能"战略下康巴藏靴的传承与创新设计提出具有针对性的建议。研究结果表明，第一，基于现状调查与问题分析，提出具有针对性的发展对策，促进文化振兴，带动文化产业，助力乡村振兴。第二，基于"乡村振兴"背景，探究"乡村振兴＋文化赋能"战略背景下康巴藏靴创新发展的路径。第三，在实现"乡村振兴＋文化赋能"康巴藏靴创新发展的基础上，对康巴藏靴进行创新开发，实现中华优秀传统文化的传承与弘扬。

参考文献

［1］尕藏吉.藏靴传统手工艺及其保护传承与发展以热贡江什加藏靴为个案［J］.青海师范大学民族师范学院学报，2020，31（2）：67-75.

［2］杨小燕. 非物质文化遗产保护视野下的江什加藏靴研究［D］. 西宁：青海民族大学，
2021.

［3］沈飚. 藏靴的美学意蕴及其地域特征［J］. 西藏民族学院学报（哲学社会科学版），
2012，33（3）：48-51，139.

［4］四川省市场监督管理局. 康巴藏族服饰第1部分：甘孜州德格县区域：DB51/T
2543—2018［S］. 康定：甘孜州文体广电新闻出版局，2018.

［5］叶睿. 康巴地区藏族服饰的特点及其启示——基于马斯洛需求层次理论的实例分析
［J］. 文化产业，2020（36）：92-93.

［6］刘燕. 浓墨重彩的藏族服饰——浅谈藏族服饰与色彩［J］. 青年文学家，2009（15）：
141-142.

三星堆面具元素在现代服装设计中的应用研究

侯金玥，时玉凤，胡毅

（成都纺织高等专科学校，四川成都，611731）

摘要： 本研究聚焦于三星堆文化。三星堆文物的独特魅力未在现有活化产品中充分展现，其文创产品发展缓慢但潜力巨大，存在品种单一、审美不足等问题。三星堆元素在服装设计中的应用尤为罕见。本研究旨在抛砖引玉，期待未来有更多融合三星堆文化的现代服装设计作品涌现。本研究主要分为三个部分。第一部分对于三星堆面具进行研究，主要包括其当前研究概况、三星堆面具的种类及其美学特征提炼。第二部分将提炼出的三星堆面具元素应用于现代服装设计中，分别从色彩、面料和造型三个角度进行设计。第三部分总结将三星堆面具元素应用于现代服装设计中的启示，并将三星堆面具元素应用于现代服装设计中使传统文化与现代服装结合两者相互赋能。一方面能将传统元素活化创造出价值，有利于传统文化更好地传承。另一方面现代服装展现出更加深厚丰富的文化内涵，使其焕发出新的生命力。将传统元素融入现代服饰的设计加强了中国当代服装市场的可持续良性循环。

关键词： 三星堆面具，服装设计，传统元素，现代服装

一、绪论

（一）研究背景

1.三星堆目前研究情况

三星堆遗址位于四川省广汉市西北，是我国现代考古学起步时期最早发现的大型遗址之一，被称为20世纪人类最伟大的考古发现之一。三星堆遗址出土的文物有大量的极富想象力和独特风格的陶器、石器、玉器、青铜器、金器文物等，多种不同材

质的器物密集出土，证明了多种文明形态曾长期频繁交汇于这片热土之上。

根据考古学者的研究，三星堆文明的时间跨度上起新石器时代晚期，下至商代周初，延续了近2000年之久，距今已有3000～5000年的历史。作为存在于长江上游的区域性文明，三星堆文明与中原地区的华夏文明、长江下游的良渚文明，并称为中国上古三大文明，同属于中华文明的母体。

自2020年以来，四川省文物考古研究院与多家研究机构和高校组成联合考古队，在1、2号祭祀坑旁边相继发现、发掘了6个祭祀坑。共计出土编号文物近13000件，其中相对完整的文物3155件。较为典型的文物有3号坑的金面具、铜顶尊跪坐人像、铜顶坛人像、铜顶尊人头像、铜戴尖帽小立人像、立发铜头像、铜大面具，4号坑的铜扭头跪坐人像，5号坑的金面具、鸟形金饰片，6号坑的玉刀、木箱，7号坑的龟背形网格状器、铜顶璋龙形饰、三孔玉璧形器，8号坑的金面罩铜头像、顶尊蛇身铜人像、铜神坛等。

与此同时，三星堆考古新发现也得到了学术界的广泛关注，考古学、历史学、物理学、化学、古生物学、古地质学、古环境学等多个领域学者纷纷参与三星堆综合性研究，实证古蜀文明是中华文明"多元一体"格局的重要组成部分。

目前有很多对于三星堆文化的研究，如田盟琪的《三星堆青铜面具造型探究》、吴豪夫的《三星堆文化青铜器研究》、钱玉趾的《青铜人像与青铜面具的差异》等，主要是对于三星堆面具外观的研究与描述。张伟生的《试析三星堆面具的宗教信仰因素》、秦硕的《浅谈三星堆文化遗址图腾面具中的文化内涵》以及李霜平的《广汉三星堆青铜人面具巫文化内涵研究》是对三星堆青铜面具后的文化内涵和图腾崇拜的研究。

2.三星堆文化活化研究情况

对于三星堆文化的文创设计研究，有王成珍的《三星堆博物馆文创建设刍议》一文，文章中提出对三星堆博物馆目前的文创建设现状应该以地方经济与特色为导向。许蕾的《三星堆博物馆文创产品设计研究》一文中，对大英博物馆、北京故宫博物院以及成都金沙遗址博物馆进行案例分析，总结出了适用于三星堆博物馆文创产品设计的策略。对于三星堆文化的服装设计产品的研究，郭常山在《三星堆青铜器在服装创意设计中元素的提取和转化》一文中提出，运用解构手法将三星堆青铜器的服装造型、图案纹样以及服装的廓形结构进行解构，然后通过左右上下颠倒、移动位置、放大缩小等方式进行重组形成新的服装造型，这无疑为解决二者个性太强难以融为一体的非常好的方式之一。

（二）研究意义

首先，具有重要的文化艺术价值。三星堆遗址的发现，揭开了川西平原古蜀文明的神秘面纱。神秘而奇特的青铜器，充分展现了古代文明的顶尖成就，庞大的古城遗址、奇异的文物造型、独特的文化背景，包含着三星堆时期人民对文化鲜活的审美意识，其独特的文化艺术价值值得我们进一步深入发掘。

其次，具有重要的市场价值。青铜面具作为三星堆出土文物中最典型的代表之一，将其造型运用到现代服装设计中，不仅使古蜀文化精髓以一种大众容易接受的形式得以传承，也使现代服装蕴含更深厚的文化底蕴。服装风格的多样化，美的多样化，使现代服装展现出新的生命力，让越来越多的年轻人塑造民族自豪感和对历史的自信心。

二、三星堆面具简介

从三星堆出土器物来看，青铜面具是其最具特色的文物群体之一，人面具、兽面具、纵目面具、戴冠面具等相关的青铜器物，营造了人神浑融的神秘氛围。三星堆出土的青铜面具以独特的造型与另类的审美，使其在面具历史中形成最为特殊的类别。三星堆文化中的神秘色彩与围绕它的各类谜团，使之成为当下最具开发潜力的文化类型之一。

目前出土的面具可分为三类。

（一）青铜人面具

三星堆青铜人面具，是以人脸结构为造型的面具。三星堆遗址出土的青铜人面具有三种类型。第一类是青铜大面具，该面具宽131cm、高71cm、深66cm，重65.5kg。其额头方正、面容宽大、棱角分明，五官线条流畅、皆突出于面部，眉毛粗长向斜上方扬起，呈柳叶状，面具的两侧太阳穴、下颌骨处及额头正中有方形穿孔，可能是起固定作用；相较于第一种人面具，第二类人面具的脸部比例更窄，眉毛粗平，眉间距离更宽，额间没有方孔，整体五官更加分散；第三类人面具基本呈平面状，尺寸更小，高8～10cm，大致如成年人的巴掌大小，眼睛形状依旧是略微上扬的三角形，但并不凸起，整体尺寸较小，适宜佩戴，五官比例接近真实人脸的比例（图1）。

第一类

第二类

第三类

图1 三星堆青铜人面具

（二）长耳纵目面具

三星堆青铜纵目面具分为无应龙纹型额饰和有应龙纹型额饰。其中无应龙纹型额饰纵目面具眼球极度夸张，一对眼睛呈圆柱状向外凸起，凸起部分长达16cm，造型十分夸张，它的耳朵也向两侧大幅展开，像两只翅膀，短鼻梁，山根像鹰钩鼻向内勾，鼻翼向内卷；嘴角像小丑面具上扬，露着一丝神秘而诡异的微笑；额头中间有一个长方形的孔洞。面具整体很大，宽138cm、高66cm。在《华阳国志》中有"蜀侯蚕丛，其目纵。"的记载，此书中对于"纵目"的描述与三星堆出土的纵目面具造型较为吻合，因此，古蜀人的祖先—蚕丛，有可能是纵目大耳的形象，古蜀人便以此面具形象来表现对祖先的崇拜与敬畏。

有应龙纹型额饰纵目面具嘴巴造型与无应龙纹型额饰纵目面具类似（图2），鼻梁呈一根直线，眼眶呈两头尖中间宽向上飞扬的树叶形，眼球横截面呈平行四边形，外凸约10cm。与纵目面具类似的是，该面具太阳穴与下颌骨两侧也有镂空孔，耳郭与无应龙纹型额饰相同。不同的是，它的耳朵虽整体有向上的趋势，但高度与眉毛基本持平，高耸的夔龙纹额饰，高68.1cm，从额正中间的方孔补铸，夔龙头与鼻梁衔接，身子和尾巴高高竖起。它的形象或许和传说中的天神"烛龙"有关，烛龙人首龙身，是纵目的代表，它具有支配人间明晦的神异能力，睁眼普天光明，闭眼天昏地暗。在雾气弥漫的巴蜀之地，古蜀人或许是在用面具致敬烛龙，用它的光亮来驱鬼逐疫，万物有灵，畏之敬之。

无应龙纹型额饰纵目面具

有应龙纹型额饰纵目面具

图2　三星堆长耳纵目面具

（三）神人兽面具

三星堆神人兽面具，它的造型以曲线为主，有两种类型。第一类神人兽面具整体比例接近正方形，眼眶呈平行四边形，有圆形倒角，眼睛左右两侧有对称的小尖角，眉毛细长，眉尾向上延长与头顶两边的夔龙形凸起相连，鼻梁细长，嘴唇较厚微微上扬，手脚是尖尖的造型，显得俏皮可爱，这与人面具的庄重严肃有很大的不同；第二类神人兽面具眼眶内侧有类似"鸟喙状"的造型构成鼻子的形状，眼睛外侧像第一类的眉毛向上延长与头顶两边的夔龙形凸起相连，没有手脚部分，所以整体比例更扁，接近于长方形（图3）。

图3　三星堆神人兽面具

111

三、三星堆面具的美学特征与提炼

（一）内在美学特征

"三星堆"文明作为人们还尚未能完全了解的文化，以及"三星堆"考古遗迹作为未被完全开发的谜团一直给人一种神秘之感。三星堆原本是为了祭祀而修建，其神权文化是在自然崇拜、图腾崇拜、祖先崇拜的信仰基础上形成的，引发出一种神话、神秘、神奇、神圣的力量。

面具元素一直作为一种神秘意向存在，若要增强一个人所带来的神秘之感，那么加上面具可能是很多时候惯用的手法。在虚构的人物中，很多绝色美人加上面具反而更加突出其神秘莫测的美。三星堆出土的面具因其本身的谜团，更是将这种神秘风格体现到极致。

（二）外在美学特征

三星堆出土的青铜面具在外观上也有其独特的美。中国传统美学往往偏向于平面化的风格，而三星堆的面具有着其独特的立体感。有学者猜测，三星堆的面具形象是参考了古蜀人的外貌特征。相比现如今四川地区人们的长相，似乎和古蜀时期人的长相已大相径庭。从三星堆的面具中（图4）一眼就能感受到其非常强烈的立体美学。它将人脸五官的立体感抽象出来，如具有体量感的鼻子，细致立体结构的眼睛，甚至连目光都被抽象成了立体的造型。这让人们不禁感叹先人的创造力。

图4　三星堆博物馆商铜纵目面具

四、三星堆面具元素的提取以及在现代服装设计中的应用

（一）三星堆面具色彩元素提取以及在现代服装设计中的应用

1.三星堆面具色彩元素提取

三星堆面具大多采用青铜制作，因此其色彩大多为氧化后的铜绿色（图5）。这种氧化后的铜绿色是文物历经千百年和大自然不断化学反应最终形成的颜色，带有着一种独特的岁月沉淀的美。此外文物在出土时还沾染着泥土，这种泥土的色彩更加突

出了文物的沧桑感。

2.三星堆面具色彩元素在现代服装中的应用

在现代服装设计中，大家通常会使用对比色来吸引眼球，或是使用同色系来体现服装的协调美。本系列以三星堆面具为灵感设计的服装为了展示和谐统一的基调，除了绿色的应用，

图5　三星堆面具发掘现场

还从中提取了象征泥土的大地色以及作为调和的冷灰色，共同形成本系列服装设计作品色系（图6）。

本系列服装设计作品主色调为大地色，少部分面积采用铜绿色。这种铜绿色作为点缀的设计方式展现出整个系列色彩和谐统一中又带有韵律变化的美感。

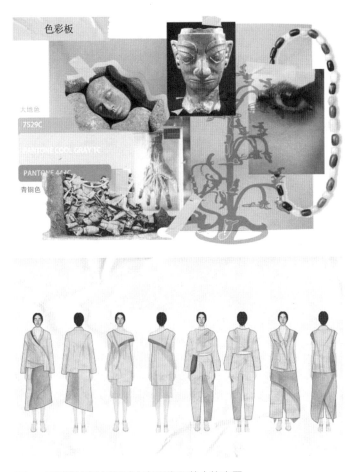

图6　三星堆面具色彩元素在现代服装中的应用

（二）三星堆面具面料元素提取以及在现代服装设计中的应用

1.三星堆面具面料元素的提取

在提取三星堆面具面料元素时，侧重于通过面料展现出三星堆面具内在的美学特征，将其风格特征元素提取用面料展现出来，因此多采用做旧棉麻、炒色真丝面料展现其古朴沧桑感，以及半透明绡来表现其神秘感（图7）。

图7　三星堆面具面料元素提取

2.三星堆面具面料元素在现代服装中的应用

为了更进一步增强服装的神秘感，面料绡的使用采用了较为独特的方式。即将它设计成双层结构，下面一层为再创造的面具造型，上面一层则为绡。通过拱针的手工针法，将上层的绡巧妙地附着在"面具"上。这样的设计使得三星堆面具若隐若现，既展现了一种朦胧美，又增添了神秘感（图8）。

图8　三星堆面具面料元素在现代服装中的应用

（三）三星堆面具造型元素的提取以及在现代服装设计中的应用

1.三星堆面具造型元素的提取

前文提到了三星堆面具的外在美学特征，较为突出的一点就是其造型美。因此三星堆面具的造型元素算是其最显著的一个元素。通常在服装设计中运用灵感元素时，应当遵循应用其最显著特征元素的原则，由此可以保证服装设计作品能够最淋漓尽致地将设计灵感元素展现出来。因此在提取三星堆的灵感元素时重点聚焦在了其造型元素上，最终服装设计的呈现也展现了较多的三星堆面具造型元素。

三星堆面具是由人脸创造而来，其五官表现有着非常显著的立体感。在提取其造型元素时，为了较全面地展现其立体感，采用了各个五官逐个分开提取的方式。首先在提取三星堆面具鼻子的造型时，注意到其主要是由鼻梁的一面以及鼻底两面组成。为了模拟出这种立体的形状，首先用较硬的纸代替面料进行模拟，通过折纸的方式初步抽象出面具的形状，随后换用面料制作，经过多次尝试，最终制作出了较为满意的面具鼻子形状。接着，进一步提取面具眼睛元素，力求还原其独特魅力。然而，在提取眼睛元素的过程中，第一次制作出的形状因过于简化而忽略了原本面具眼睛形态的某些细节，如眼神的深邃和眼角的上扬。经过仔细分析这些不能忽略的细节造型，并进行相应的改善，最终的面具眼睛造型达到了较为满意的形态。

在完成鼻子和眼睛的造型元素提取后，我们尝试将它们组合起来，最终成功得到了三星堆面具的侧面造型。这些提取出的三星堆面具造型元素的应用采用了抽象和简化的现代设计手法。一方面，我们能够从中感受到三星堆面具的独特造型特征；另一方面，与原本的三星堆面具相比，这些元素更增添了一些现代美感（图9）。

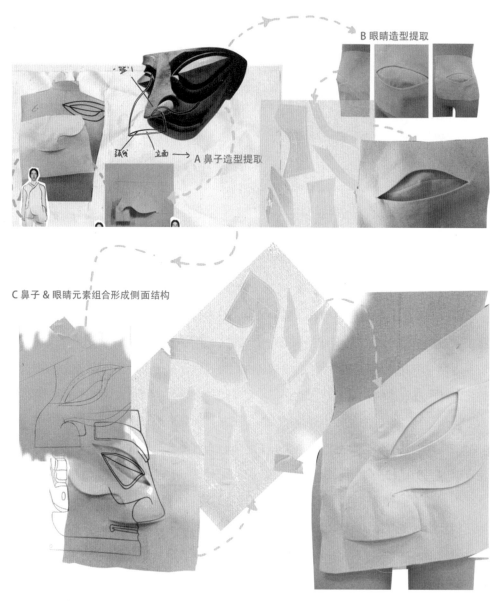

图9 三星堆面具造型元素提取

2.三星堆面具造型元素在现代服装设计中的应用

三星堆面具造型元素主要通过以下三方面（图10）进行实验并巧妙运用在现代服装设计中：

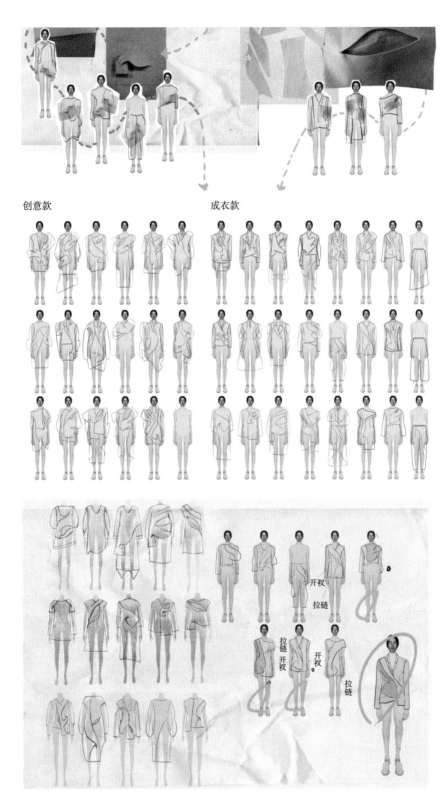

创意款　　　　　　　　　　成衣款

图10　三星堆面具造型元素在现代服装中的应用

117

（1）立裁实验：运用立裁的手法，将提取出的三星堆面具元素巧妙地融入服装设计中。鉴于三星堆面具本身独特的立体造型特性，选择了立裁的方式来更直观地展现其魅力在服装设计中的运用。在此过程中，一方面尝试用立裁手法精准地呈现面具造型，另一方面探索面具造型在不同服装部位的表现效果，以寻找与服装部件最为合理的结合方式。

（2）拼贴实验：拼贴实验在服装设计过程中起到了拓展思维的重要作用，它使得笔者能够快速组合和实现各种想法。在进行服装造型设计时，拼贴实验是一种不可或缺的设计手法。通过将灵感元素直接转化为服装造型或将其与现有服装设计造型相结合，再进行结构分析，能够快速且直观地实现较为复杂的服装造型设计。在本次设计中，我们采用了拼贴实验的方式，成功将"面具元素"与服装造型结合，最终打造出了一系列独具特色的服装造型。

（3）款式拓展头脑风暴：再次以设计出的服装造型为基础款，进行款式拓展的头脑风暴。通过不断衍变设计基础款，迅速用草图记录下脑海中构思的服装款式设计，并通过大量绘制设计款式的方式实现从量变到质变的转化。最终，从头脑风暴中产生的众多款式中选取最为满意的款式，基本形成了系列设计。

本系列服装设计（图11）最终成品呈现出古朴与时尚、柔美与干练、典雅与灵动碰撞的艺术效果，层次韵律丰富。本系列并非简单直接地运用三星堆面具元素，而是在服装设计中巧妙地融入其神韵。每件服装都仿佛诉说着古蜀文明的古老故事，穿越时空的界限，以服装之美展现三星堆文化的深厚气韵。

图11　三星堆面具元素系列服装设计

本系列服装将经典成衣廓形与创意十足的三星堆面具元素相融合，旨在创造具有原创审美属性的时尚产品。它既有成衣的市场性，又独具特色元素与文化底蕴。

五、结语与展望

目前三星堆博物馆正在着力打造基于三星堆活化的创意产品开发，以加快推动三星堆文化创新性传承与创造性转化。三星堆博物馆推出五大产品系列：神系三星堆、潮玩三星堆、科技三星堆、飞翔三星堆、数字三星堆，共百余种三星堆元素文化创意衍生品，如饼干、月饼、文物金属书签、饰品等。但三星堆文化活化还未体现出其应有的实力，发展速度较慢，其发展潜力很大。三星堆发掘的文物虽然令世人震撼，但是它的活化产品却没有展现出它独有的魅力。其产品出现品种单一、审美性不高的问题。其中将三星堆面具元素运用于服装设计更是鲜有作品出现。因此，希望此系列三星堆面具元素服装（图12）作品研究能够抛砖引玉，期待后续能有更多三星堆活化服装产品出现。

将中国传统元素运用于现代服装设计，有助于传承和创新中国传统文化，提升设计师的文化底蕴和职业素养，提高服装产品创新价值和品牌意识，凝练独具"中国风格"的设计符号。将中国传统元素与现代设计理念相结合，运用创新思维和树立品牌意识，融合多元化的文化内涵，才能更好地发展我国的服装产业。在当下快速以及不断推陈出新的国际时尚流行趋势中，出现了越来越多中国传统元素的身

图12　三星堆面具元素在现代服装设计中的应用

影。无论是国内还是国外的设计师，纷纷从中国传统元素中凝练出时尚设计语言，从中汲取创意和寻找灵感，使得中国传统元素的运用越来越国际化。

传统文化与现代服装相互赋能，展现出独特的魅力。一方面，传统元素的活化与运用为现代服装创造出新的价值，有利于传统文化的更好传承。另一方面，现代服装通过融入传统文化元素，展现出更加深厚丰富的文化内涵，使传统文化焕发出新的生命力。

参考文献

［1］王成珍. 三星堆博物馆文创建设刍议［J］. 收藏与投资，2021，12（7）：70-73.

［2］印洪. 神·形·意［D］. 杭州：中国美术学院，2017.

［3］刘晓宁. 三星堆形态元素在视觉展示设计中的应用——以文化衍生品展示区为例［D］. 济南：山东艺术学院，2022.

［4］王鑫. 中国传统元素在现代服装设计中的应用［D］. 长春：吉林艺术学院，2017.

湖北恩施土家织锦"西兰卡普"的文化传承与创新发展研究——以湖北省恩施州布衣织绣有限公司为例

包振华

（武汉职业技术学院，湖北武汉，430074）

摘要：随着社会的变革以及经济结构和文化意识的变化，许多优秀的中华传统文化没有得到合理的传承和发展。土家织锦"西兰卡普"作为土家族的优秀传统文化、民族文化与传统技艺，同样也面临失传的风险。在武陵山区，"西兰卡普"传承人在非物质文化遗产传承方面做了大量的保护性工作，既使传统文化得到了传承又有所创新与发展。本文以湖北省恩施州布衣织绣有限公司在"西兰卡普"传承与发展工作中的实践为例，探究适合我国非物质文化遗产传承与发展的措施和途径，为我国非遗文化保护、传承与发展提供参考。

关键词：土家织锦，西兰卡普，传承，发展

一、土家织锦"西兰卡普"的前世今生

在湖北、湖南、重庆、贵州四省市交界的武陵山区，聚居着土家、瑶、苗、侗等30多个少数民族1100多万人。该地区非物质文化遗产资源丰富，涵盖传说、故事、武术、民歌、纺织、祭祀等方面，民族手工业、民族文化产业是其优势产业，服饰、饮食、建筑文化独树一帜，特色鲜明。

在武陵山腹地的土家族，世代传衍了包括染织、刺绣、雕刻、竹编、绘画、剪纸等丰富的传统工艺，土家织锦便是其中的代表之一。土家织锦简称土锦，土家语称为"西兰卡普"，其中"西兰"是铺盖的意思，"卡普"是花的意思，"西兰卡普"即土家族人的花铺盖。土家织锦历史悠久，源远流长，至少可以上溯到距今3000多年的古代巴人时期。秦汉时期，土家族地区的纺织业有所发展。三国时期，土家族人逐步掌

握了汉族先进的染色技术，编织出五彩斑斓的土家织锦。唐宋时期，土家族纺织业有了进一步发展。元明清时期，湖南、湖北土家先民用丝、棉等原料织出峒锦、峒被、峒巾。"西兰卡普"是最上乘的织锦，为朝廷贡品。清末民初，"西兰卡普"工艺进一步发展，且大量用于服饰，逐渐形成独特的织锦程序。

2006年，土家织锦入选第一批国家级非物质文化遗产名录，湘西土家族苗族自治州文化局为保护主体。2019年11月22日，文化和旅游部办公厅公布了调整后的国家级非物质文化遗产代表性项目保护单位名单，湘西土家族苗族自治州非物质文化遗产保护中心获得"传统技艺——土家族织锦技艺"项目保护单位资格。

二、"西兰卡普"的文化特征与技艺传承

"西兰卡普"是伴随土家族的发展，从生活中凝练而形成的文化产物，承载着土家族人独特的审美情趣和古老的土家文化，蕴含着丰富的历史研究价值，体现了土家族的精神文明、生活习惯，展现出独具民族性和艺术性的特点，是弥足珍贵的非物质文化遗产。

（一）"西兰卡普"的文化特征

1.技艺独特——通经断纬，腰裹斜织

"西兰卡普"采用独特的"通经断纬"织造工艺，即经线相通，纬线可根据需要断开，这与缂丝的织造工艺相似。这种工艺手法，让土家织锦所表现的空间特点大，色彩变化多，风格迥异，包含了非常丰富的土家族历史文化底蕴。

"腰裹斜织"是指沿用千年的腰裹斜织机来织造土家织锦。这种织机由机头、滚板、综杆、竹筘、梭罗、踩棍、滚棒、篙筒、挑子、撑子、地桩和布鸽（鱼儿）等组成，把经线全拴在腰上，采用以观背面、织出正面的织法，织出来的产品美观整齐、色彩鲜艳、结实耐用。

2.图案简洁——连续重复，均衡对称

"西兰卡普"的传统图案有400多种，这些图案都是世代传下来的，选材非常广泛。纹样创作涉及寓意、生产生活、自然景观等多方面，通过模仿自然、综合创造物象、抽象变形来提炼造型要素，用横线、竖线、斜线等基本线条进行造型，构图中采用概括、变形、夸张等手法，巧妙地将各种自然形体和几何纹样有机地结合在一起。纹样构成以菱形、横式长方形、斜式交叉形为主，抽象而显其神韵，整个图案极富生

活情趣。在传统土家织锦生产中，人们只按照对图案的记忆和看样生产，不留图纸，所有图案都会遵循"对称、循环、有规律、便于记忆"的原则进行，从而形成了土家织锦特有的图案艺术。

3.色彩厚重——对比强烈，开放包容

土家织锦素以色彩厚重艳丽而著称，以设色自由浪漫而见长。土家人具有朴素的、运用互补色原理来配色的意识。为追求协调美观，色彩配置上本着"相邻两色分冷热、见深浅"的原则。原色对比是土家织锦中最常见的色彩搭配方式，通过颜色对比、色彩的面积、构图及其他一些特定空间因素共同构成整体效应。土家织锦还善于运用色彩秩序化的退晕手法使对比色得到和谐。土家织锦的传承特点是"传图不传色"，在配色和用色上从不固定，每个纺织者都可以根据自己的喜好配色，这就导致相同图案往往会有多种不同色彩的效果，更加体现了土家织锦的开放性和包容性。

（二）"西兰卡普"的技艺传承

"西兰卡普"是土家人聪慧的象征，是土家文化的重要载体。在几千年的发展史中，"西兰卡普"饱含着土家族的文化意识、哲学思想、美学观念、社会环境和认识领域，并深深地根植于民间的土壤之中，散发出浓郁的乡土气息。随着社会的变革、经济结构和文化意识的变化，"西兰卡普"逐渐淡出家庭生活中，其织锦技艺正逐步失去赖以生存的土壤，亟待采取强有力的措施予以保护。

1.守望者——精于技艺，专于执着

"西兰卡普"不仅是一项技艺，更是土家文化的一种传承。在武陵山地区，土家织锦之所以受人关注并传承至今，除了其自身蕴含的文化基因，还有一批支持着她发展与继承的技艺大师，他们是"西兰卡普"文化传承的"守望者"。

（1）左翠平：重庆酉阳土家族苗族自治县"西兰卡普"传承人，拥有四十多年的织锦生涯，共编织200余件作品，远销海内外，被称为"西兰卡普"的"守望者"，也是酉阳唯一的"西兰卡普"传承人。

（2）叶玉翠（1911—1992）：中国工艺美术大师，担任过湖南省龙山县土家族织锦工艺厂顾问，一生从事土家织锦的传承和创新，其作品《张家界》《岳阳楼》等大型壁挂现陈列在北京人民大会堂。

（3）刘代娥：湖南省龙山县苗儿滩镇捞车河村人，第一批国家级非物质文化遗产项目土家族织锦技艺代表性传承人，制作的"48勾""岩墙花""粑粑架""龙凤呈祥""稻草人"等传统图案有200多种，创作的"五女图""土家女儿会"等现代图案

有100多种。

（4）叶水云：湖南省龙山县苗儿滩叶家寨人，12岁师从叶玉翠学习土家织锦，土家织锦"学院派"代表人物，设计并制作100多种土家织锦图案。1996年，荣获联合国教科文组织和中国民间文艺家协会联合授予"民间工艺美术家"称号。2007年，刘代娥、叶水云被国家文化部评为"国家非物质文化项目土家织锦技艺代表性传承人"。

（5）黎秋梅：湖南省龙山县苗儿滩镇黎家寨人，土家织锦民间工艺师，1996年6月8日在民安镇开办了"西兰卡普织锦厂"，有大型斜织机6台，从业人员40多人。

（6）唐洪祥：湖北省恩施州来凤县人，2000年创办湖北省第一个"西兰卡普"专业厂家——来凤县土家织锦村民族工艺有限责任公司（土家织锦村）。土家织锦村被湖北省文化厅列为"湖北省非物质文化遗产生产性保护示范基地"，唐洪祥个人被中国工艺美术学会织锦专业委员会评为"中国优秀织锦工艺传承人"。

（7）田若兰：湖北省恩施州宣恩县人，湖北省恩施州布衣织绣有限公司总经理。2007年创办"土家山寨"地方民族品牌，2011年11月荣获"中国优秀织锦工艺传承人"称号；2014年荣获"湖北省民间工艺传承人"；2015年被授予"恩施州第三届优秀高技能人才"称号；2018年2月获得首届"恩施工匠"荣誉称号。

2.继承者——青黄不接，后继乏人

"西兰卡普"是土家文化遗产的典型代表，是我国非物质文化遗产中的一分子。近年来，"西兰卡普"传承人大多年事已高，且很多还没有找到合适的继承人，"青黄不接，后继乏人"的问题比较突出。这里仅从几个方面来分析研究造成"西兰卡普"传承困难的原因。

（1）心口相传靠悟性。土家族没有自己的文字，像"西兰卡普"这样的文化传承主要是靠"心口相传"，这种传承不仅需要传承者有深厚的文化底蕴、长年累月的实战经验积累和对传承技艺的总结提炼，也需要继承者具有悟性，能真正悟出其中的"道"。

（2）原始技艺难周全。在现代社会，真正原汁原味纯手工制作的"西兰卡普"作品已很难寻觅，因为纯手工的原始技艺已经没有了生存空间，纯手工纺纱早已不复存在。现在保留最完整、最系统的原始技艺可能就只剩下手工织造了。

（3）投入产出不对等。一幅纯手工制作的"西兰卡普"作品从纺纱到织造直到完工，据说需要半年之久，费时费力，生产周期长，但市场价格却不高，投入产出不对等。工业化生产的快捷方便、价格优势等吸引了更多的消费者，传统手工艺品的使用价值受到挑战。

（4）心浮气躁利为先。当今社会的快速发展和人们快节奏的生活，使得年轻人很难静下心把精力放在需要多年时间磨炼的一门技艺上，加之其花色复杂，做工精细，作品耗时长，经济效益微薄，他们更不愿进入这个行业，导致现有的传承者很难找到合适的继承人。

三、恩施"西兰卡普"的文化传承与创新发展

我国有许多优秀的传统文化没有得到合理的传承，一方面是人们对于传统文化传承方面的意识淡薄，无法从内心深处真正认可传统文化传承；另一方面，时代在发展，但一些传统文化在传承方面没有与时俱进，这也是导致传统文化逐渐消失的一大原因。"西兰卡普"作为我国非遗文化中的一分子，同样也存在传承消亡的风险，所幸在武陵山区，一代代传承人正在用自己的实际行动将这一块宝继续传承下来。这里仅以湖北省恩施州布衣织绣有限公司在"西兰卡普"文化传承与改革创新实践为例，阐释文化传承与创新发展对于非遗文化传承的重要性，他们的做法值得我们学习和借鉴。

（一）恩施"西兰卡普"文化传播方式

1. 人文讲述

2019年11月12日，湖北省恩施州布衣织绣有限公司总经理田若兰在湖北省2019年"荆楚工匠"事迹巡回报告会上作《传承西兰卡普，弘扬土家文化》事迹汇报，简要讲述自己传承"西兰卡普"的过程以及在文化传承方面所做的努力，让大家感受传承中华优秀传统文化是每个人的历史使命。

为了更好地宣传"西兰卡普"传统文化，田若兰将非遗文化引入校园。2021年12月2日，田若兰做客武汉职业技术学院纺织服装工程学院锦绣讲坛，详细介绍了"西兰卡普"的历史渊源、风格特点和织造技艺，让喜爱"西兰卡普"的师生能亲身体验土家文化。2022年2月24日，田若兰到湖北恩施思源实验学校，为学生讲授"西兰卡普"的相关知识，指导学生编织"西兰卡普"。为了让更多的人认识"西兰卡普"，将"西兰卡普"文化逐渐融入人们的生活中，田若兰在不同场合进行多次演讲与宣传，对推动中华优秀传统文化的继承和发展起到了良好的示范作用。

2.作品宣传

一件优秀的作品或产品就是很好的文化传播载体，是人们认识传统文化最直接的方式。2007年，田若兰创办"土家山寨"地方民族品牌，挑起了传承土家族传统织锦工艺的重担。在她的带领下，"土家山寨"品牌"西兰卡普"系列产品，作为土家民族的文化载体，被带到世界20多个国家和地区，已成为恩施难以替代的文化符号。

为了让更多的人了解"西兰卡普"传统文化，田若兰从室内软装和生活用品入手，对"西兰卡普"产品重定位，将其融入现代生活中，让古老的"西兰卡普"焕发了青春。2021年9月27日，田若兰将"西兰卡普"带到了第六届世界硒都（恩施）硒产品博览交易会上。展台上，土家特色纹样的"西兰卡普"织品受到了不少人的青睐。除此之外，她还在公司展示作品，并通过网站、电视、短视频等新媒体展示"西兰卡普"的各种作品、产品，让产品贴近生活，让更多的人通过作品或产品去了解"西兰卡普"，愿意接受并传承中华优秀的传统文化。

（二）恩施"西兰卡普"技艺创新途径

我国非遗文化的传承长期存在着"维持保护"与"创新发展"的争论，焦点之一就是原汁原味的传统文化在经过创新发展之后是否意味着不再是原有的传统文化。笔者认为，与物质文化遗产不同，非遗文化若还是停留在过去，只是简单地维持、复制和保护而不去开拓创新，再好的非遗文化也终究难以得到长久的保护，迟早会有消亡的那一天。我们从"西兰卡普"传承人田若兰的生动实践中得到了一些启示，即非遗文化若想得到长久的继承和发展，与时俱进，走创新与发展之路应该是行之有效的措施和途径。

1.创新创意显活力

生活需要艺术，艺术来源于生活。若将"西兰卡普"看作一种以纱线为原材料的设计艺术，则其表现手法就是通过经纬纱线的不同材质、不同颜色以及经纬纱线的不同组织排列来展现不同的图案，从而达到不同的艺术效果。

传统的土家织锦图案有400多种，一些传承人主要是简单复制这些图案，缺乏创新创意研究。为了使"西兰卡普"更能适应现代社会的需要，田若兰团队对"西兰卡普"图案进行了以下创新创意研究：

（1）双色双面织锦研制。传统的"西兰卡普"受到手工织锦工艺的限制，只能是单面织锦，用数字化织造技术可以实现双色双面织锦。

（2）图案组织生成方式变化。传统的"西兰卡普"图案主要采用平纹和斜纹有两种组织，针法基本上是固定的，不能互换。通过研究，平纹组织的图案可用斜纹组织织造，斜纹组织的图案也可用平纹组织，这样就给产品设计和织造带来了极大的灵活性。通过不断的创新创意研究，"西兰卡普"从艺术上得到了升华。

2.技术革新出成果

在传统的"西兰卡普"技艺中，织工要在老斜织机上腰捆绑带，全身一起流畅联动将三层经线分层，手拿梭子和竹筒，采取通经断纬的方式在反面挑织，整个织造动作极其繁复。如果一个地方织错，就要全部拆掉重来，对于继承者或初学者来说，这将是最难以接受的。

为了将古老的织机改进得更加合理，田若兰团队反复研究古老织机的工艺原理和结构原理，在克服重重困难并经过多次试验后，最终成功研发出新型立式织锦机，于2013年4月17日获得了"一种土家织锦机"实用新型专利证书。之后，她又进一步改造织机，生产出折叠式织机，即便携式折叠织机1.0版。该织机搬卸方便，实现了不用脚踏便能进行经线分层，方便下肢残疾人操作。将1.0版织机升级改造后，诞生出能分三层经线的便携式折叠织机2.0版。与此同时，她对现有的织造技艺进行数字化改造，研发出土家织锦数字化智能织锦机，提高了织造效率。15年来，田若兰数次改进土家织锦机，3次获得国家专利。通过技术革新，为"西兰卡普"注入了新活力，让更多的人能快速掌握技术要领，"西兰卡普"也得到了更好的传承与保护。

（三）恩施"西兰卡普"的融合发展之路

我国非遗文化的传承若只依靠少数传承人来继承发扬，最终也会逐渐消失在历史长河中。为使非遗文化能得到更好的保护和传承，湖北恩施州布衣织绣有限公司采取多种形式相结合，探索出一条非遗文化传承的"融合式"协同发展之路。

1.校企联动与产学研相结合

为更好地保护和传承传统工艺，国家提出数字化保护传统工艺的概念。2014年，田若兰和湖北民族学院（现湖北民族大学）一起，承担了国家科技支撑计划研究项目《土家织锦文化数字化保护与智能生产关键技术研究与示范》。历时三年，土家织锦智能织造机研发成功。这是土家织锦行业唯一也是全国唯一的一台，更是对土家织锦工艺的一次历史性突破。2021年6月9日，湖北民族大学民族学学科研究生工作站揭牌仪式在湖北省恩施州布衣织绣有限公司举行，田若兰助力研究生培养工作，进一步加深了与学校在共同传承与发扬民族文化方面的合作。这是校企联动与产学研相结合的成功典范。

2.人才培训与乡村振兴相结合

乡村振兴关键在人,人是乡村振兴的第一资源。许多非遗项目原本就产生于乡村,来自乡村的生产和生活,其根就在乡村,生命力也在乡村。田若兰将人才培训与乡村振兴相结合,找到了非遗文化传承的源头活水:

(1)决战脱贫攻坚。田若兰尽心竭力,在恩施州崔家坝镇茅田村等地组织培训当地贫困户,教授他们织锦手艺,拓展增收渠道,营造浓郁文化氛围,丰富当地旅游资源。

(2)恩施州水保站职工在金桂大道工业园西兰卡普生产基地学习制作西兰卡普,田若兰讲解西兰卡普的制作方法,让民族文化焕发出新活力。

3.文化传播与实习就业相结合

为使"西兰卡普"得到更好的传承和发展,田若兰除了将"西兰卡普"文化带进校园,还建立实习就业培训基地,利用实习实训基地接待学员开展"研学"体验活动,传播非遗文化。先后与武汉设计工程学院合作建立非遗文化传承实践基地,与湖北民族大学合作建立民族学与社会学院民族学学科研究生工作站。田若兰还创办恩施市民创培训学校有限公司,将其作为湖北民族大学的艺术实习基地、恩施州妇女手工培训就业实习基地等。通过讲座、指导、培训等多种形式,将"西兰卡普"的文化传播与实习就业相结合,探索出一条学校、企业、社会等多层次的融合发展之路。文化传播与实习就业相结合,不仅拓宽了"西兰卡普"非遗文化传播的渠道和途径,也为我国非遗文化的传承与发展开辟了一条新通道。

四、结语

与物质文化遗产不同,非物质文化遗产若还是停留在过去,只采取简单维持、复制等措施进行传承而不开展创新发展探索与研究,终究难以得到长久的保护。可以说,"传承、创新、融合、发展"是我国非物质文化遗产保护行之有效的措施与途径,也是推动中华优秀传统文化创造性转化、创新性发展的生动实践。湖北恩施"西兰卡普"传承人田若兰采取"在保护中传承,在传承中创新"的做法,既顺应了时代的需要,更是对非遗文化传承的合理有效保护,为我国非遗文化传承起了良好的示范作用,也为更多的中华优秀传统文化的传承和保护探索出了一条新途径。

锦秀非遗
纺织服饰文化研究

参考文献

［1］董彬.少数民族地区文化旅游发展的跨区域合作研究——以武陵山片区为例［D］.
    南昌：南昌大学，2017.

［2］代岑颖.武陵山区少数民族文化生态旅游资源研究［J］.时代金融，2016，639
    （29）：51，64.

［3］刘飞龙.西兰卡普的艺术特色及非物质文化遗产传承探析——评《西兰卡普》［J］.
    上海纺织科技，2023（02）：69-70.

［4］沈香凝.渝东南地区西兰卡普溯源及传承发展研究［J］.西部皮革，2022，44（20）：
    103-105.

［5］王文瑜，庄芝钰.苏州缂丝文创产品设计路径研究［J］.丝网印刷，2023，14：
    11-13.

［6］李庆.湘西土家织锦图案形式的创新设计与应用研究［D］.昆明：云南师范大学，
    2018.

［7］雷晓倩.湘西土家织锦的色彩研究［D］.长沙：湖南师范大学，2020.

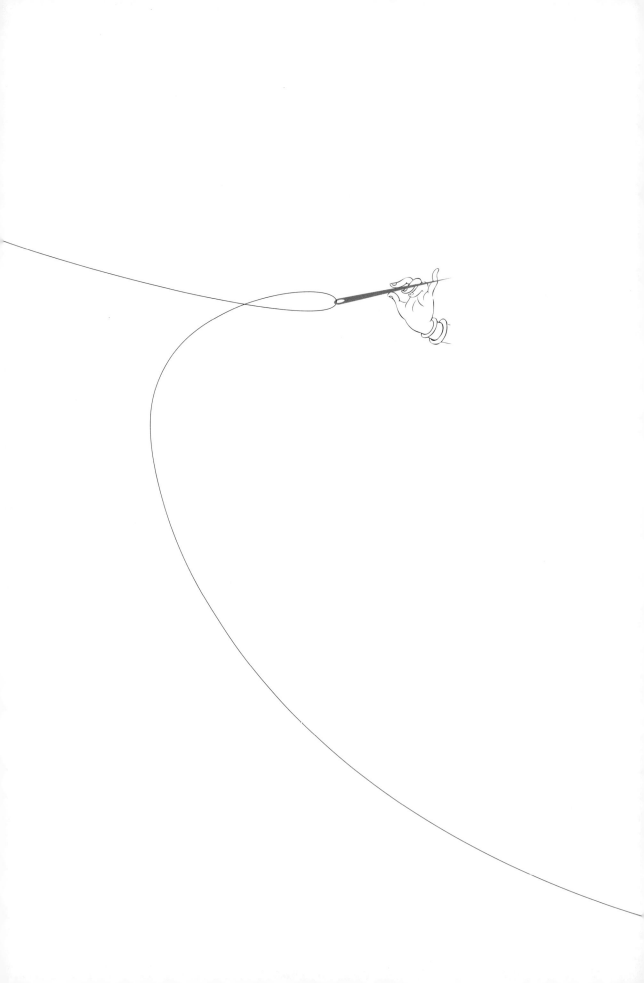

新形势下蜀绣产业创新发展路径探索

倪兴平，刘银锋

（成都纺织高等专科学校，四川成都，611731）

摘要： 蜀绣产业经历了辉煌、衰落、复兴不同发展时期，随着经济时代的快速变迁，蜀绣产业发展从巅峰逐渐步入低潮，发展面临重重挑战。本文在实地调研的基础上，全面了解蜀绣产业发展现状，剖析蜀绣新形势下面临的困境，进而探索新形势下蜀绣产业创新性发展路径，期望对促进区域经济发展、助推乡村振兴作出贡献。

关键词： 蜀绣，产业现状，发展困境，新形势，发展路径

中国文化遗产标志"太阳神鸟"蜀绣品巡游太空曾广受关注，蜀绣与金沙遗址出土的"太阳神鸟"金饰一样具有三千多年辉煌的发展历史，蜀绣产品曾广泛遍布全国民间，家家户户随处可见，与苏绣、湘绣、粤绣并称中国四大名绣。近年来，蜀绣在技艺传承、产业发展以及文旅融合发展方面成效显著。然而，随着经济时代的快速变迁，蜀绣传承发展瓶颈和短板开始显现，蜀绣产业发展从巅峰逐渐步入低潮，产业发展困难重重。蜀绣的传承和发展不仅能有效地传播悠久的非遗文化，还能为乡村振兴战略助力。如何振兴蜀绣，让它呈现生命活力，重现昔日辉煌，为乡村振兴作出贡献？本文在对蜀绣现状进行实地调研基础上，针对发展中存在的问题，提出了蜀绣产业创新性发展的新举措、新途径。

一、蜀绣产业发展现状

（一）产业规模不大、实力不强

蜀绣2006年被国务院批准列入首批非物质文化遗产保护名录，2013年被授予"国家地理标志保护产品"称号，为蜀绣重振雄风奠定了良好的基础。近年来，为推

动蜀绣产业创新发展，陆续出台了有关政策文件，蜀绣产业园、田园式产业链、产学研基地等如雨后春笋，在产学研深化的基础上蜀绣产业渐成规模。据统计，近10年间，成都市有各类蜀绣生产企业近百家，销售、展示网点上千个。全川蜀绣绣娘从2008年的2000~3000人发展到现在的几万人，从年产值不到3000万元发展到几亿元。但纵观整个蜀绣市场，蜀绣绣品地位与其他绣品相比差距明显。曾经畅销川内外，遍布民间的绣花被子、枕头、鞋类、服装、手袋、手绢等价廉物美的蜀绣生活实用品越来越少，纯艺术品、装饰品唱主角，产品曲高和寡，"低端弱、结构失衡"特征明显。调研发现，蜀绣主要分布在郫都区，但企业数量少、规模小，且以散状分布的绣庄、绣坊为主。目前，除安靖蜀绣产业园以"蜀绣+"方式打造蜀绣产业，具有一定规模外，年产量超300万元的企业仅3家，200万~300万元的企业6家，100万~200万元的企业6家，其余均不到100万。企业散、乱、小特征并未根本改善，产业整体仍然呈现出"分散作坊式"特点。

（二）产业聚集呈点状，但辐射效应缺乏

郫都区安靖镇蜀绣文化创意产业园，是四川第一个以蜀绣为主题的公园和产业园。园区规划占地面积约1400亩，建有蜀绣学院、非遗大师工作室、绣坊等项目，以及正在建设的蜀绣工程技术研究中心、产学研基地、质量检测检验中心等服务平台。2020年，园区企业成都靖绣缘蜀绣有限责任公司就实现年产值2.9亿元，带动1500人就业。目前，蜀绣品牌价值已超过44亿元，截至2021年，郫都区（以蜀绣产业园为主）已有30余家企业、3万余人从事相关产业，园区集聚效应初显，但这种局部点状聚集特征并没有根本改变蜀绣产业链上的设计、制作、展示、交易、推广和培训等环节散状分布的现状。在园区内，蜀绣学院每年不定期免费举办蜀绣培训班，并通过"基地+公司"模式，把培训班办到了都江堰市、彭州市等周边区（市）县，在当地组建蜀绣生产基地和专业绣坊。可见，园区面临产业链不完善，点状辐射面不够宽、辐射效应远远不够等诸多不容忽视的问题。

二、当前蜀绣产业发展面临的困境

蜀绣经历了辉煌、衰落、复兴不同发展时期，虽然近年来在技艺传承、产业发展以及文旅融合发展方面取得了可圈可点的成绩，但蜀绣仍然面临创造性转化难、产业发展创新性不够的困境。

（一）产业规模效应尚未形成

据相关统计，中国绣品市场国内消费和外贸出口比例为：苏绣占80%以上，湘绣约为10%，蜀绣不足5%。蜀绣在中国四大名绣中仍处于弱势地位，究其原因，一方面，设计、生产、展示销售场所并未集中在产业园，而是散布在蜀锦蜀绣博物馆、文殊坊、宽窄巷子、杜甫草堂锦绣工场古玩城等市内几处主要景点以及若干家庭式、作坊式点位，规模都不大且各自为政，绣品也大多缺乏创新，制约了产业发展；另一方面，蜀绣产业园虽渐成规模，但与拥有4名国家级传承人、14名省级工艺美术大师、8名省级工艺美术名人及56名国家工艺美术师，面积近3平方公里的"苏绣小镇"比，蜀绣产业园还处于起步阶段，未形成规模效应和聚集效应。

（二）产业断层问题突出

蜀绣产业链主要包括设计—面料选择—选线配色—绣制—装裱等基本环节，其中，设计、面料选择和绣制是关键。要绣出一幅好作品，源头控制又是关键的关键。专用真丝底布、染色丝线等，川内南充市也有，但多数原材料需到江浙沪和广东等沿海地区采购，不仅导致成本增加，同时在品种选择、质量保障、交货时间等也受到限制。可见，原材料供应已成为蜀绣产业向高层次、大众化、全方位发展一道迈不过的坎。而且，无论是安靖产业园还是整个成都蜀绣市场，企业间的协作配套没跟上、上下游各产业链之间联动效应不足，产业断层问题依然突出。

（三）行业人才青黄不接

蜀绣大师杨德全在《蜀绣产业发展战略研究》一文中提出，技艺是蜀绣生存发展的根本，蜀绣企业自身要"内练一口气，外练筋骨皮"。这口气就是蜀绣技艺，一名普通绣工，十年的磨炼仅仅是一个入门期，若要产出蜀绣精品，需要积累20年以上的经验才行。蜀绣技艺高级人才除需要心灵手巧外，还需有一定的美术功底。一位绣娘从初级到高级，一路上都需要有人提点，因此在产业链的前端，必须引进蜀绣行业的高端人才、工艺大师，对技工进行系统训练。当前，从事蜀绣产业的人员虽然总体呈上升趋势，但许多老一辈蜀绣大师级人才年事渐高，加之行业从业人员待遇低、社会地位低，很难吸引年轻人从业，导致行业内人才储备青黄不接，制约了行业发展。

在专业人才培养方面，目前，成都市仅两所高职院校办有蜀绣相关专业，而且专业教材及书籍体量小、内容局限、系统性和可读性差。专业人才培养虽一定程度上实现了口口相授传统培养模式的迭代，但因为课程单一、培训方式零散，效果也不是特别好。总之，人才培育和储备不足无法支撑行业整体发展。

（四）研发创新不足

蜀绣高素质研发与设计人才明显不足致使蜀绣创新乏力。在这方面，苏绣、湘绣就特别强，其中湘绣研发中心已跻身省级研发中心行列。现在蜀绣研究机构主要包括：蜀绣大师郝淑萍、邬学强、孟德芝等相继领衔成立的集研发、生产制作、展示销售于一体的大师工作室，位于蜀绣公园的蜀绣学院，成都大学蜀绣国际文创研究中心，成都纺织高等专科学校蜀绣研究中心，四川华新现代职业技术学院的郝淑萍蜀绣大师工作室等，整合度明显不足，研发力量分散，难以形成核心竞争力。产品方面，芙蓉鲤鱼、大熊猫唱主角的蜀绣题材几十年来几乎没有什么变化。其品种、风格明显滞后，至于深入挖掘历史文化内涵、创新传统技艺技法的作品更是少之又少。

（五）文化与市场的矛盾

目前，蜀绣产业的研发设计、销售两端是主要薄弱环节。市场上要么是一些缺乏设计、做工粗糙的低端产品，要么是动辄上万，高雅、昂贵的艺术品，产品市场化、消费大众化难以实现。如何才能在传承非遗文化的同时又能盈利，是摆在蜀绣产业发展面前的一大难题。

调研发现，近几年，蜀绣以尝试新消费场景研究、策划创意活动、与绘画等艺术跨界合作等方式破解产品单一难题，而且也有让人眼前一亮的成果，如蜀绣公园投资商在传统与时尚融合方面与雀巢、腾讯QQ、三国文化、成都熊猫基地的跨界合作以及与《王者荣耀》合作制作比赛选手服装、开发游戏周边蜀绣延伸产品就值得肯定，但总体而言，蜀绣产业自身创新能力建设远远不够，让传统蜀绣飞入寻常百姓家、融入现代人的生活任重道远。

三、蜀绣产业创新发展新途径

在新形势下，乡村振兴战略开始实施，互联网、新媒体、新消费场景等快速发展，蜀绣产业迎来了新的发展机遇。讲好蜀绣故事，传承蜀绣文化，发展蜀绣产业，赋能乡村振兴，既是社会各界关心的重大问题也是现实的必然选择，必须调整思路，探索新办法，找出新路径。

（一）完善省市区三级联动机制，协同推进蜀绣产业发展

蜀绣从家庭—绣坊—产业园的演变离不开安靖镇、郫都区政府的高位统筹，但蜀绣不仅仅属于郫都，县一级政府统筹能力有限。未来，成都市、四川省应分别站在打

造成都城市新名片、文化强省战略高度，着力完善省市区三级联动机制，协同解决产业帮扶实际问题。借鉴"苏绣小镇"典型经验做法，找准蜀绣传承与乡村产业振兴的结合点，围绕"蜀绣+"泛蜀绣全新产业链高起点规划。

（二）立足蜀绣，培养助力乡村振兴"新农人"

近年来，在乡村振兴的大潮中，出现了一批用新理念、新技术为乡村发展赋能的带头人群体——"新农人"，包括正在创业的都市年轻人、回乡创业的农民工、直播带货的网络红人等。他们正好可以利用安靖得天独厚的蜀绣产业资源施展各自的才能，为"新农人"们立足蜀绣、实现乡村振兴营造宽松的环境和发展空间。初期，可以结合蜀绣非遗文化特点，加强培训基地建设，开展蜀绣非遗知识和技能培训，引导他们参与蜀绣非遗保护和传承。

（三）深化校地校企合作机制，畅通职业教育培养乡村振兴人才渠道

目前，成都相关高职院校在蜀绣人才培养以及蜀绣非遗传承方面取得了一些成绩，积累了不少经验。成都纺织高等专科学校作为蜀绣中华优秀传统文化传承基地，专注蜀绣文化传播传承，在蜀绣非遗保护传承上做足了功夫，探索高校"大师+教授"非遗教学团队，编著了系列非遗教材，建设"传习室+大师工作室"非遗传承平台，并融合蜀绣元素推出了符合时代审美的诸多非遗作品。四川华新现代职业学院、成都市技师学院和成都纺织高等专科学校在内的成都高职院校在蜀绣专业教育、培训班、大型赛事、设计周、新锐设计师选拔等蜀绣专业人才培养方面做得有声有色。

职业教育既能助力乡村振兴，又能促进学生就业。畅通职业院校蜀绣人才培养渠道，解决人才供与需，可以一举两得。未来，应以此为抓手，深化校地校企合作机制，积极探索"非遗进校园"常态化；校企地共建蜀绣产业学院；共同打造双创平台、孵化众创空间。甚至可以全国联动，在全国范围内寻找合作平台和发展契机，围绕人才这一活力源泉，在蜀绣全产业链上创新赋能，发挥人才助力乡村振兴作用。

（四）拥抱数字化转型，推动蜀绣创新性发展

长期以来，蜀绣传承方式不外乎口头、文字、现场演示、技法讲解等。数字经济时代，除了利用好传统的新闻、影视等大众媒体外，要充分利用声像、网络、通信等现代科技传播手段，通过抖音、快手等年轻人喜闻乐道的传播渠道宣传推广蜀绣非遗文化，让传统文化"活"起来，增强蜀绣文化的魅力、影响力。

蜀绣的传承离不开年轻人群体，想方设法引导年轻人关注、热爱并主动讲好蜀绣故事是大势所趋。一方面，可将蜀绣传统元素与现代时尚元素深度结合，大胆跨界开

发新产品。例如，利用近年潮品市场"汉服文化""复古潮流"等文艺复兴元素，打造产品系列，释放文化活力，让蜀绣由艺术品回归生活日用品或易耗品，打造蜀绣衍生品，让蜀绣早日走出博物馆，走进百姓家。另一方面，可借鉴"中国李宁"品牌营销策划模式，借力互联网掀起蜀绣国潮风，或者与国内外知名设计师、知名品牌商合作，打造限量联名款，用独一无二的形式向世界展现蜀绣文化魅力，打响品牌的同时推动市场消费。

（五）围绕"文创产品＋旅游服务"两大领域，以市场为导向，挖掘消费潜力

在保护蜀绣一针一线本真性的同时，探索未来传承发展新模式是亟待解决的现实问题。可以围绕"文创产品＋旅游服务"两大领域，大力开发蜀绣文创文旅产品，完善销售产业链，扩大线上销售和线下体验式销售规模，一改蜀绣高价工艺品的固有格局，让它重回大众的日常生活，再现20世纪80年代前蜀绣制品家家户户随处可见的景象。在研学旅游热火朝天的当下，可以在成都市区范围内开辟蜀绣文旅专线，结合成都市现有蜀绣产业链分布情况，线路可选以下节点：蜀江锦院—文殊坊—宽窄巷子—蜀绣之乡安靖—全国普通高校中华优秀传统文化蜀绣传承基地（成都纺织高等专科学校）。以项目落地为抓手，引进和发展原材料、研发、设计、制作、线上线下营销等产业新业态；不断丰富蜀绣非遗文化体验、田野农业观光、研学旅游、科普教育等泛蜀绣产业；不断增加蜀绣公园及周边旅游配套设施，让顾客留下来，感受蜀绣文化内涵，打造沉浸式蜀绣体验的国家级非遗IP，为成都公园城市建设"乡村表达"添彩增色。

当然，必须遵循市场经济规律，以市场为导向，挖掘消费潜力，可在营销4P方面发力。围绕高端艺术品、大众产品两个市场，将蜀绣现有资源转化为生产力，一方面，瞄准高端，通过与艺术家合作打造IP，努力将产品做到世界一流；另一方面，向大众消费市场延伸，解决既传承优秀传统文化又可盈利的产业发展难题。通过规模化、标准化的生产管理控制成本，以延伸上下游产业链。

四、结语

新形势下，摸清蜀绣传承和发展中的实情，对症下药，破解难题，不断推出新举措，推动中华优秀传统文化（蜀绣）创造性转化、创造性发展，蜀绣产业将展现出更

锦绣非遗
纺织服饰文化研究

加辉煌的未来。

参考文献

［1］范小敏，谭丹，王佳丽，等．区域视角下蜀绣产业发展对策研究［J］．丝绸，2015，52（4）：70-75.

［2］刘鹏，雷倢．蜀绣被授"国家保护产品"称号［N］．华西都市报，2013-6-17.

［3］谭丹，范小敏，牟媛．蜀绣消费现状调查及趋势分析［J］．纺织导报，2014（3）：76，78-79.

［4］蜀绣产业发展办公室．成都市郫县安靖镇蜀绣产业发展再创辉煌［J］．四川蚕业，2013，41（1）：55-56.

［5］王康建，李纳云，等．蜀绣产业发展现状分析及对策建议［J］．丝绸，2017，54（10）：51-57.

［6］赵敏．中国蜀绣［M］．成都：四川科学技术出版社，2011：20-22.

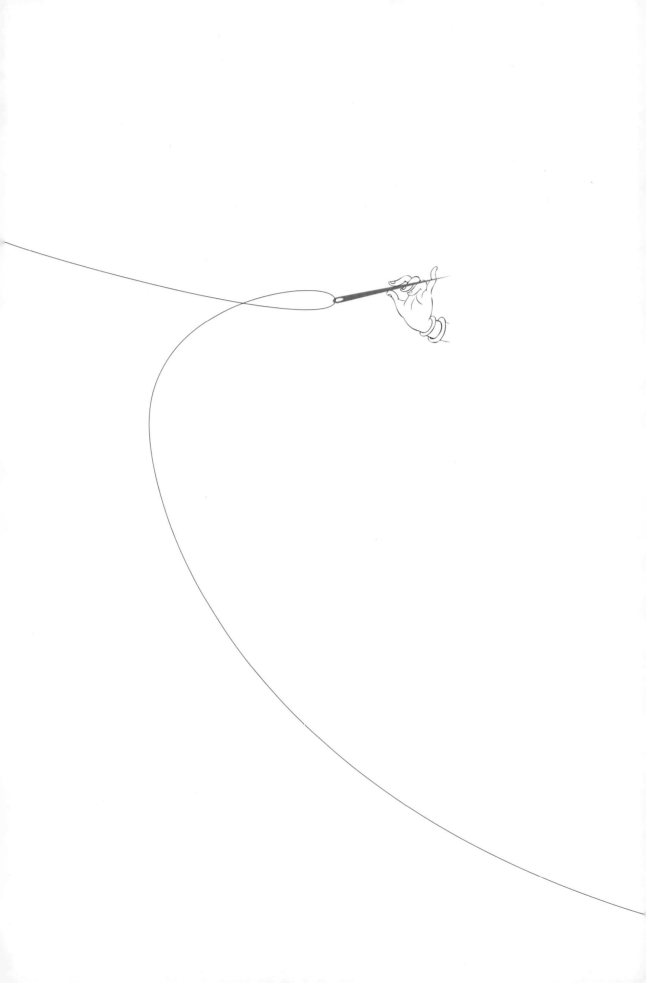

手工艺文化基因本土建构及其现代性价值再造——基于施洞苗族刺绣手工艺实地调查❶

钟玮❷，吕轩❸，程舒弈❹

（四川师范大学，四川成都，610066）

摘要： 基于台江施洞地区的苗族服饰刺绣手工艺研究，观察其文化基因的本土构建特征，通过实地踏查，对本地艺师、手工艺生产者的访谈，以及历史文献及资料搜集整理等研究方法，解析台江施洞苗族服饰刺绣本土文化基因之意匠表现、材料与技法、纹样与色彩、形制与装饰等。认识施洞苗族刺绣传统手工艺的意义变迁与文化呈现，挖掘其中的造物意涵之文化基因要素，通过个案分析与实践实证，提出施洞苗族刺绣手工艺文化基因在现代生活实践场域中正在不断地再造、充实与丰富，地域手工艺的发展在体现对传统文化积淀与传承的同时，更应以理性的态度注入时代精神，将手工艺文化基因融入现代生活文化实践中，进一步认识思考传统手工艺的现代性价值之再造，以及人类社会多元手工艺文化基因的继续发展与保持。

关键词： 手工艺文化基因，本土建构，施洞苗族服饰刺绣，现代价值再造

一、引言

由简单造物发展到手工技艺，地域手工艺作为一个地区、一个民族悠久历史社会

---

❶ 教育部人文社会科学基金项目（15XJA760003），四川师范大学非遗染织绣服饰工艺传统与创新应用科普教育项目（KFSY2021003）。

❷ 钟玮，女，四川师范大学服装与设计艺术学院副院长，教授，主要从事地方手工艺传承与振兴、地域染织服饰工艺文化研究、纺织非遗与文化创意产品设计。

❸ 吕轩，女，四川师范大学服装与设计艺术学院设计教研室主任，讲师，从事地方手工艺传承与振兴、地域染织服饰工艺文化研究。

❹ 程舒弈，女，四川师范大学服装与设计艺术学院研究生在读。

文化的承载物，以"技艺"的形式、"物"的形态，融汇了生活习俗、造物哲学、审美思想。地域手工艺因选材、设计、加工、使用方式的不同表现出地域文化的差异。地域手工艺有别于艺术创作，因其可满足民众的日用需要，在一定程度上能够延续创造活力与应用价值。在社会生活的变迁中，地域手工艺发生的转变是复杂的：从农耕背景下的"自给自足"到"副业时代"，从"抢救性保护"到"生产性保护"，在从被动整合到主动抗争的发展过程中，构建着与文化产业、设计产业、地方政府、非物质文化及传承人多元的关系。文化产业的发展势在必行，地域手工艺商品化也很正常，需要考虑的是地域手工艺在发展中如何创新。不是所有的手工艺都需要产业化，也不是全都纳入非物质文化遗产保护行列，而应该使其回归生活，符合当代生活方式，成为一种活力存在于人们的生活和背景知识中，联系着文化的传统与创造的过程，因而成为我们创立新生活文化的基础。由此，通过对台江施洞地区的苗族服饰刺绣手工艺的研究，观察其文化基因的本土构建特征，解析苗族盛装刺绣传统手工艺的意义变迁与呈现，观察其苗族服饰刺绣造物意涵与当代生活式样、生活文化、科学技术融合的多场域现象，以及面向未来生活拓展的文化范式和审美视野，从而探讨手工艺文化基因的现代性价值再造之意义。

二、关于考察地域

本文考察的地域为"天下苗族第一县"的台江县施洞地区，它位于台江县北部，风景秀丽的清水江畔，包括老屯、平兆等村寨（图1）。作为苗族刺绣的艺术之乡，其民族风情享誉海内外，拥有姊妹节、独木龙舟节等众多节日。台江作为苗族人民世代聚居的地方，至清雍正年间才真正纳入中央政府的管辖。由于地理位置皆处于自治的状态，人文风俗在当地独立孕育衍化，形成其特有的审美与生活文化。清中末期及民国时的台江是最大的贸易集散地，被称为"苗疆一大市会"。

图1　考察地域台江施洞

现今施洞镇仍保留着"赶场"的习俗，市集上售卖着服装鞋帽、绣花线和纸样、绣布织锦、蓝染亮布等。历史的长河中，施洞苗衣刺绣服饰始终焕发着璀璨的光辉，在向世界呈现神奇和美丽的同时，也展现着苗族人民的聪明智慧。

三、作为非遗手工艺的台江施洞苗族刺绣造物文化基因的本土构建

文化基因是指为当地族群传习和后天习得的，主动或被动、自觉与不自觉地植入个人及群体的生活和习俗的信息单元和信息链路，文化基因的原点、节点、支点、衍生点，可以在文化人类学的宏阔视域中加以具体表述。地域传统手工艺往往是一个传统社区原生态文化的基础，其具有文化基因的"支点"特性。同时在文化发展过程中体现其文化基因的"衍生点"和"展演点"文化结构特征，由此也就有了手工艺"展演点"文化表征的可能性。针对台江施洞苗族服饰刺绣之文化基因应从意匠表现中发掘其造物意涵的精神特质，并通过对其技艺传统、纹样与装饰、生活样式的理解，认识造物哲学与审美思想，进而解析文化基因之密码。日本民艺学家、美学家柳宗悦对"工艺之美"的认识中提出："我们所说的正常之美的本质，是自然为人类而构造的绝妙的'律'，只有这样才能看到普遍美之公理……工艺传统是所谓的'律'，是汇集人类经验的法则，是应该做什么、不应该做什么的指针，遵循工艺传统，在它的指引下不会迷失工作的方向"。从哲学的角度看手工艺造物，从艺术的角度看手工艺造物，从社会生活的角度看手工艺造物，从科学的角度看手工艺造物，从符号语言学的角度看手工艺造物，手工艺文化基因都是其重要特征。杭间在《原乡·设计》中提到，由于地区差异，不同的地理环境、气候等因素往往能改造人的生理素质，进而影响到生活方式，从而使之相应的造物行为在材料和技艺等方面也呈现出不同面貌。台江施洞苗族刺绣的审美信心是对神、对自然、对传统等这一切深深的敬重，信心使苗绣手艺严肃认真。无论怎样，只要有信心，造物心灵就不会沉睡，并给予刺绣者想象力，使其对待手艺更加诚实。台江施洞苗族服饰刺绣手工艺文化基因的本土构建是作为传统、历史、习俗哺育施洞苗族"自我"的途径方式，是手工艺造物精神意涵的现实体现。

（一）施洞苗族服饰刺绣本土文化基因之材料与技法

施洞苗族服饰刺绣本土文化基因并非对外在物质形式简单的反应，但通过对其物质形式的把握与了解，对其文化基因"韵"会形成一种路径与方法。苗族服饰种类繁多，风格各异，根据当地苗语方言以及苗族服饰的样式、刺绣、分布地理位置，将台

江苗族服饰划分为九大支系，不同类型体现着不同的刺绣风格。施洞地域支系自称"蒙"，在当地的苗族支系中分类为"河边苗"，服饰为清水江型施洞式，分布在施洞镇、老屯乡大部分村寨，台江施洞苗族刺绣技法有二三十种，现今施洞苗族妇女常用的便是破线绣、堆绣、皱绣、打籽绣等（表1）。施洞苗族服饰刺绣工艺精湛，保留传统苗绣精髓的同时又独具个性。要绣制一件施洞苗族盛装，必定包括九种绣法，分别为破线绣、平绣、堆绣、锁绣、皱绣、辫绣、打籽绣、套绣、数纱绣。每种绣法都有其固定的使用位置与意义。其施洞苗族服饰盛装中主要用于肩袖装饰的破线绣最有特色。破线绣是将刺绣与剪纸工艺结合，省去描绘花样的环节，直接根据剪纸的纹样进行刺绣，赋予针线灵性之余，又给予剪纸新的生命力。根据刺绣图像剪好花样后用针线固定在亮布之上，然后用薄刃的小剪刀剪掉纸样上需要镂空的部分，最后将边缘修剪顺滑。破线绣一般运用于主要纹样，针法同平绣一致，不同之处在于对线的处理。穿针前先将一根普通丝线分成6～8根，最细可达16根。但在施洞实地调研中发现，由于现在丝线的来源和结构都发生了变化，所以现在在破线时，一般都只一分为二或分三。破好的绣线穿上短针，连针带线在熬制过的皂角液中穿过几次，直至彩线上的毛糙被抚平，变得平滑紧密、柔亮耐脏。剪好的剪纸贴或缝固定在底布上，按所剪图案用平绣的针法，挨针挨线将图案铺满。最后一步是在绣好的纹样外轮廓用锁边绣的方式锁一道边，使得作品整体有厚度感，针脚整齐，表面平滑有丝缎光泽，给人一种华丽细腻的视觉感受。施洞盛装是苗装中的精华，被称为世界上最华美的民族盛装，在诸多民族服饰中独具一格。

表1 台江施洞苗族服饰刺绣材料与技法

工艺分类	局部特写	刺绣技法示意	刺绣材料	刺绣位置
破线绣			亮布底绣彩色丝线	 袖子：显眼处集中展示刺绣技艺
平绣			黑底棉布绣彩	 围腰：不易刮伤

工艺分类	局部特写	刺绣技法示意	刺绣材料	刺绣位置
堆绣			棉布底绣彩色棉线	 后颈脖、前襟中部：保持领子的立挺
锁绣			黑底棉布绣彩色棉线	 袖子：图案轮廓精致细腻
辫绣			棉布底绣彩色棉线	 袖子：保持刺绣的立体感
皱绣			棉布底绣彩色棉线	 袖子：保持刺绣的立体感
打籽绣			棉布底绣彩色棉线	 袖子：保持刺绣的精致立体
数纱绣			黑底棉布彩色丝线	 服装领条、袖子：边缘装饰使整体色彩更协调

（二）台江施洞苗族服饰刺绣本土文化基因之纹样与色彩

台江施洞苗族盛装纹样以题材可以分为神话瑞兽类、现实动物类、人物类、植物类及符图类，同时古歌题材图像是台江苗族刺绣中最具特色的传统纹饰，并无意识地将其演化为"歌主知，绣主行"。其传统纹饰保存着独特的文化结构，这种未知的神秘引领人们去追逐和探讨施洞苗族刺绣中所包含的万物有灵观以及自然、图腾崇拜、战争迁徙、民俗生活等方面的意涵。田自秉先生曾将我国纹样题材的发展归纳为四个时期，分别是几何纹时期（原始社会新石器时代）、动物纹时期（夏朝至六朝时期）、花草纹时期（唐朝至中华民国时期）以及综合多样化时期（中华民国之后）。我们在田野踏青中发现，施洞苗族银饰本土纹样的题材依旧处于动物纹时期，也就是动物（包括瑞兽）纹在装饰中占主导地位的时期。历史上的苗族，被迫迁徙，苦难深重，在他们的观念里动物具有神秘性，是力量的象征，苗族先民通过描绘特定的动物，期望达到某种巫术的目的。在造型方面，其动物类（包括瑞兽）纹样造型更接近于中华民族唐代之前的主流纹样。由此发现，苗族纹样虽与中华民族纹样一脉相承，但在中国纹样发展的历程中施洞苗族纹样出现了断代现象，即自唐代之后，施洞苗族本土纹样并未进入花草纹时期，而是在动物纹的表现上走出了一条具有苗族特色的道路，形成了别具一格的本土纹样（图2）。

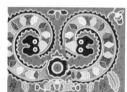

图2　施洞苗绣龙纹

台江的苗族人喜爱在刺绣纹样中使用红色，代表着生命、喜悦与热情，也代表着爱情的，还是吉祥富贵的象征。施洞刺绣色彩主要以红、黑、蓝为主，搭配小面积的绿色、黄色、紫色等互补色（表2）。粗细不同的绣线让色彩产生了轻重之分，平绣花纹在细线的变化中，呈现平滑而细腻的视觉感受。施洞刺绣色彩杂而不乱、艳而不俗，色彩组合古朴沉稳。施洞服饰刺绣图像中的色彩运用总体呈现出高彩度与低纯度色彩组合的特点，其中常色数十种，主要是朱红、桃红、暖黄、宝蓝、浅绿、白、黑、深紫、褐和灰色。其中，红色和蓝色是苗族施洞刺绣选用最多的两种颜色，一般运用在女子服饰的肩、袖、前襟等部位，集中展示其刺绣技艺。刺绣服饰整体上呈现红色调，在纹样的一角或者边缘外，配合小面积的淡黄、白、深蓝、玫红、绿色，耐人寻味。施洞刺绣拥有缤纷的色彩，它形象地勾勒出人们内心企盼已久的幸福愿景，折射出对美好生活的向往，同时让服饰与环境高度和谐。

表2 台江施洞苗族服饰刺绣纹样与色彩

纹样名称	纹样寓意	实物图例	典型色彩提取
万蝶纹	万物始祖		高明度、高纯度色彩与无彩色系搭配，平衡了画面色彩关系
蝴蝶生万物纹	蝴蝶生万物（生殖与美的化身）		以红色为主，与适当冷色形成强烈冷暖对比
万龙纹	保宅安民，赐福于人		色相较多、彩度较高、却乱而不杂
禽鸟纹	祈育崇祖		以高黑度色彩为底，使亮丽色彩在上显得和谐沉静

纹样名称	纹样寓意	实物图例	典型色彩提取
鱼纹	求孕多子		暖色为主、冷色为辅，纯度对比和谐
鱼鸟同欢纹	繁衍生息		在蓝、橙对比中寻求色彩的调和
修狃纹	多子多福		无彩色与低纯度色彩搭配，古朴幽远
饕餮纹	繁衍生息		或冷或暖的色调，搭配少量对比色
枫树纹	万物之源		中低彩度色彩组合使画面更加和谐
万字纹	吉祥兴旺		无彩色系与低明度色彩搭配

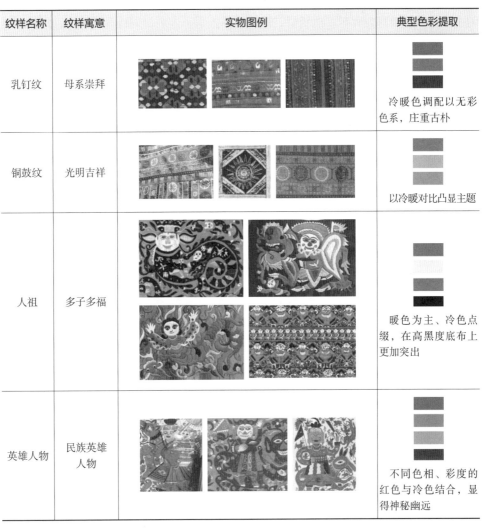

纹样名称	纹样寓意	实物图例	典型色彩提取
乳钉纹	母系崇拜		冷暖色调配以无彩色系，庄重古朴
铜鼓纹	光明吉祥		以冷暖对比凸显主题
人祖	多子多福		暖色为主、冷色点缀，在高黑度底布上更加突出
英雄人物	民族英雄人物		不同色相、彩度的红色与冷色结合，显得神秘幽远

（三）施洞苗族盛装的形制与刺绣装饰

苗族服饰从古老的贯首服、琵琶衣，到纹饰繁缛的开襟衣、圆领衣，再到婀娜多姿的长裙、飘逸飒爽的中裙、短裙，以及男子所穿裤脚宽达80厘米以上的宽口裤裙，它们都保留着商周"上衣下裳"、春秋"深衣"、汉代"两裆"造型、唐代"半臂"样式、宋代"抹胸"和明代"云肩"款式等已在中原地区消失的中国古代服饰款式。苗族服饰既有装饰华丽繁缛的盛装、又有朴实简洁的便装，造型样式之多，堪称民族服饰之冠。

施洞苗族的衣袖、衣肩、衣背部位为主要刺绣装饰位置，整体色彩以红、蓝两种色系为主。当地苗语称为"欧啥"（意为"暗衣"）的为便装，以深蓝、紫色纹样为主，配以褐、紫红和黑等刺绣花纹。盛装称为"欧涛"（意为"亮衣"），喜以朱红色为主。盛装下半身为青布百褶长裙，裙外前后各系一方刺绣围腰垂过裙脚，围腰刺绣通常以龙凤为主题，图形以左右对称、大小均匀的几何图形组成。织花围腰刺绣图案以花鸟鱼虫为主，脚穿绣花勾鼻布鞋服饰的款式、刺绣的风格、技法针法都与该宗族生活的环境和风俗息息相关。施洞的男装只在"龙船节""姊妹节"中出现，作为仪式服或礼服。穿该式服饰的男人头戴苗乡特制的细篾马尾丝桐油漆金色斗笠。上装为对襟长袖衣，长至臀部，两襟左纽右扣系于胸，小领竖立。衣采用黑色自染亮布做成，系镶有银泡的织花刺绣腰带，带端为红丝线流苏，扎结后自然垂落于腰左右两侧，下穿深色长脚裤。从施洞苗族盛装前襟饰边可以很明显地看出两襟一长一短、一宽一窄，但穿着后通过交襟右衽的形式，左襟覆于右襟之上，产生对称均衡的感觉。从中可以充分看出人以物为尺度，敬物尚俭的服装制作原则。服装结构不以人的身体大小，而是以布料的幅宽去适应。根据面料幅宽，尽可能地不浪费面料，完全物尽其用。

四、台江施洞苗族服饰刺绣造物文化解析

（一）台江施洞苗族服饰刺绣审美文化

1.苗族服饰刺绣的造物艺术

施洞苗族服饰刺绣是物态、实体性的，满足生活的实用功能，在不断发展中并形成了本民族社会历史文化记忆。苗族人民运用于想象力将他们的过去、现在、未来所经历和畅享的事物组合在一起；没有比例、透视，刺绣者想表达的是一种思想、一种意识、一种观念。万物有灵，世间万物同源平等，刺绣纹样的中心是这幅作品的主题，天地跑、水里游的一切物象都被组合在一起，构图四周反映了刺绣者对宇宙形成的认识和见地，表达的是一种宇宙观、一种认识论，体现一种哲学。施洞苗族服饰刺绣把表现对象看作是有感情的物加以塑造，表现出以自我为中心，生存致用的造物实用观，是苗族妇女追求美好生活的审美智慧。

2.抚慰心灵的精神追求

苗家人在刺绣时有很多禁忌，比如娃娃哭的时候不能绣，青蛙叫的时候不能绣，手上有汗的时候不能绣等，其实一切禁忌都不外乎是戒除杂念与烦躁，使自己静下心来刺绣。苗家妇女在刺绣时，先做绣片，然后把绣片按一定顺序钉在衣服的相关部

位，制作的顺序一般是将两块对称绣片同时刺绣以保持色彩、图案和施针的均匀性。笔者在田野调研中发现很有趣的一个现象：因为一件绣衣的制作过程和工序非常耗时费力，因此家人在一开始刺绣时分工合作。我们会看到同一件绣衣往往有祖母、妈妈和女儿的风格，每个人的运针密度、拉线紧度都不一样，甚至有的衣服因为制作过程太长，同一件衣服上无法配到同批彩线，最后成衣效果色彩就有所偏差。苗家妇女投入持久的心力与时间制作一件盛装，这不仅是与先祖情感联系，也是对本族历史文化的珍视，表达的是对幸福生活的希冀。这种集体无意识的深层感受，冥冥中体现了个人生存的价值。母授女学、婆带媳作，服饰刺绣之物将人和集体、自然、社会联结，建立起一种主动的关系，作为一种事物形态所产生的象征性符号成为群体中的你我以及整个关系状态的链接。从服饰刺绣的穿戴可以看出服饰主人的年龄、性别、已婚还是未婚，甚至可以从她们对服饰的态度感知其灵魂世界，其审美意识表达的是抚慰心灵的精神追求，绣品是美的精神观念的直接体现。

3.审美造物与生活习俗的和谐统一

施洞服饰盛装于节庆习俗呈现，体现苗族的社会形态、表现族群审美与生存背景的和谐之美（图3）。在施洞苗族的各种喜庆日子里，诸如"四月八""六月六""姊妹节""跳花场""斗牛"等节日，苗族姑娘都要穿上自己亲手绣制的绣花衣，梳妆打扮，竞相比美，以此来表明自己的聪明灵巧，赢得小伙子的爱慕。在有着"最古老的东方情人节"的台江施洞"姊妹节"时，施洞苗族姑娘们则将五色糯米饭盛在竹篮里，内藏松针赠予心仪的男子，以表达自己的心意，这种习俗苗语叫"藏饭（gad liangl）"，在饭中藏有松针则暗示心仪的男子来年在还竹篮和包饭的巾帕时要用绣花针及丝线来酬谢。江施洞苗族服饰刺绣根植于当地特有的地理资源与人群生态环境，形成了地域共有的民俗生活内容，发生着自我与族群、人与社会的诸多关系，并在文化的交往中形成造物审美与生活形态的和谐统一特征，同时在不断转型的现代社会中产生意义的转变与变迁。

（二）台江施洞苗族服饰刺绣文化涵化与变迁

从文化基因的角度来看，台江施洞苗族服饰刺绣的文化在复制和传播过程中不仅与人类文化的本质相连，还可以选择"改善"自己的文化。当今，施洞传统苗绣赖以产生与长期生存的农耕时代的社会形态已经不复存在。随着后工业社会的到来，我们也感受到施洞传统苗绣在现代生活中逐渐消失的情形。苗绣的服务对象已变得更为多元，它不再仅仅是为了日常生活的需要，谁来绣也已不再重要，虽也有为数不多的苗

人生最后的仪式，逝者亲属均盛装

孩子出生时的祝福，驱邪攘灾

儿童帽子装饰祈愿吉祥

出生，满月

幼年期

清明节

葬礼，清明节

说亲

定亲、议亲

结婚

倾注新生活的祝福

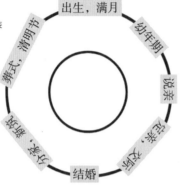

作为生活技能的苗绣体现了男女社会作用的区分

年俗活动中有关的刺绣

花夜、过门、结婚仪式，女性社会教养的学习

踩鼓舞上的男女社交以及婚恋节俗活动中的展示

图3　苗绣与社会生活习俗

绣手艺人为能够留下自己内心深处喜爱的手艺，延续着古法，默默付出。现在的苗绣能否取代我们内心的浮华与满足，达到或超越以往的辉煌，已有太多的梦幻。"古墓犁为田，松柏摧为薪"，一切变化都是必然，伴随工业化、城市化的进程，施洞苗族刺绣的发展也进入多元化蜕变时期。千百年间，从物化的地域苗族服饰刺绣手工艺到得以传承的社区背景、生态文化、符号意蕴，再回到苗绣本身，这一切都在发生轮回后的文化涵化与意义变迁。

五、台江施洞苗族服饰刺绣文化的现代性价值再造

在一定时期中，民俗社会生态所构成的人、自然、社会相稳定的三角结构造就了千姿百态、风格各异的苗族刺绣。但现代化进程中，施洞苗族刺绣的发展进入多元化

时期。地域、政治、经济等一系列社会环境的变化，使得施洞苗族服饰刺绣的生存语境发生了重大改变。我们认为当今的施洞苗族服饰刺绣以多种场域存在于当今时代性价值再造实践中（图4）。

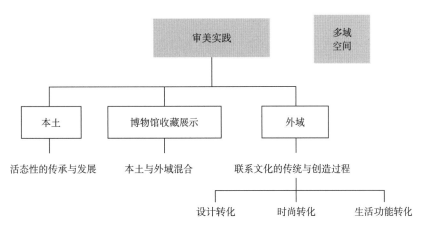

图4　苗绣现代生活样式中的多场域文化重构

第一，存在于博物馆的静态传承。在博物馆中可以实现本土与外域、虚拟与现实、观看教育与体验、旅游与商业系统建构，当代苗绣手工艺的传承正在积极地拥抱科技发展所带来的各种利好，结合数字化保护、虚拟仿真技术手段的虚拟博物馆建设等模式，对苗绣进行系统梳理、收集、复原、整理，使参观者能体验感知其历史文化的厚重。博物馆文创产品的美学价值表达拓展了其审美功能的外延，黔东南首家民营专题博物馆——太阳鼓苗侗服饰博物馆从事民族服饰的收藏、保护、展示、培训、研发和销售。博物馆吸引了一大批到黔东南的外国游客，特别的文化内涵、原生态的精神诉求、高超的刺绣技艺，一件件苗侗民族服饰的展卖品令观者叹为观止。它们从某种角度映射出人们对过往世界认知和其生活变化，而"变化"是传统手工艺得以存续的要素。

第二，存在于本土，自然"流变"。在历史文化生态环境发展中，并不存在稳定流传而不变的文化形态。当都市人追求高品质生活时，没有理由期望生活在民族地区的群众保持一种"异文化"，什么时候穿戴什么样的服饰装饰，是各地域民众的自由。施洞镇沿河而建，随着与外界的交流加大，当地妇女有意或无意吸纳他民族的文化，使苗族刺绣在文化内涵上有所丰富，在图案造型上也有较大变异，例如融入汉族的十二生肖图样、双龙戏珠、少狮戏珠等，服饰也有融合汉族或是其他民族的元素。传统的苗族刺绣服饰也是在节日及民俗活动中人们穿戴较多。近年来，外出打工返乡、大学生回乡创业等人群增加，有越来越多的当地年轻人带着创新的意识与实践精神，认识到家乡古老苗绣的文化艺术与产业价值，参与家乡苗绣手工艺创新创业发展。现今当地的"村寨故事品牌"，团队由本土绣娘与外域设计师相结合，专注发展民族文创领域的品牌影响力，市场服务内容包括文创产品开发、村寨手工艺研学体验、互联网文旅整合发展的创新产业模式。知名服装品牌优衣库携手中国宋庆龄基金会，通过专项活动，助力乡村振兴与美丽乡村建设。通过施洞镇政府引导与政策支持，成立专门的刺绣合作社以及服饰品加工产业链。通过开启社区文旅手作工坊、乡村工艺体验馆、民宿＋手艺传习馆等，达成乡土与城市审美共融。针对变化的环境和社会，运用传统手工艺以及健康的审美导向创造出为时代生活所需的文化创意产品，形成城市独特的文化风貌。施洞苗族刺绣的产生、发展、盛行、衰落、复兴都有其内部规律，从服饰刺绣的自然"流变"中能够解读出该地域民众的价值观、审美意识等，施洞苗族刺绣是活态的文化样本。

第三，存在于外域，蜕变重生。作为当代艺术的"苗绣工艺"，或许不求完美和精致，但可以生机勃勃，打破重组，一心面向心目中的未来。这种重组改造以造物文化意涵的时代性转化为出发点与归着点，注入时代的审美精神，将其精神内涵融入现代创意生活实践之中。苗绣手工艺设计通过文化消费达到自我实现，如城市空间中的苗族手绣教室、编绣工作营、非遗创意市集等。苗绣非遗振兴公益项目吸引大众的参与同时发展民间力量，期望通过手工艺创作启发生活态度，并能分享、找寻工艺创作设计的本质与文化美学意义。项目中的苗绣手工艺呈现出时代的审美精神状态，在文创商品、艺术化作品、都市文化时尚产品等领域进行多维度探索与现代性创新设计实践（图5）。年轻的设计师、手工艺设计者们跟随当代艺术发展的步伐不断开疆辟土。从某种程度上来说，当代手工艺设计者一方面尊重传统的苗绣手工信仰，强调手、脑、心灵之间的相互协调；另一方面，他们又有意地与传统保持着一定的距离，更愿意脱离原有的范式，转而投入轰轰烈烈的当代艺术与当代设计的洪流之中，将手工艺定义为艺术与设计之外的第三种选择，成为沟通艺术与设计、传统与未来的桥梁。具体表现为：它们经常会超出其定义的局限，其总的发展方向越来越注重抽象性、雕塑性，思想和观念的表现胜过其功能性，强调复杂的精神和思想内涵以及对人类精神的探索。这是当代地域苗绣手工艺术的第三条道路，在这条路上，年轻的手工艺术设计者朝气蓬勃，义无反顾地向更为广阔的未来美学文化场域行进。

时尚与流行介入"苗岭古韵"

图5　融合苗绣手工艺的时尚设计

六、结语

由农耕社会向工业社会、信息社会的转型过程中，随着社会结构的调整、劳作方式的改变、各种文化的交融以及生活习俗信仰的变化，地域生活方式也受到了冲击和改变。其中，改变之一是工业化生产带来对传统手工艺与手工技艺的冲击，这在世界范围内也是一个具有普遍性的问题。以地域手工艺文化基因本土建构的视角认识、理解人类的造物文化及演进是有意义的，作为地域手工艺的施洞苗族服饰刺绣在体现对传统文化积淀与传承的同时，（通过传递）被"遗传和复制"，（通过表述）被认知和解码，同时对于文化现象上的研究也具有新发现和阐释的可能，手工艺造物文化基因受到当代审美和现代生活实践场域的影响，正在不断地再造、充实与丰富。生物学的观点：植物的未来健康取决于种类繁多的不可代替的种质基因，人类社会也是如此，人类社会未来的健康发展也将取决于多元化文化基因的继续发展与保持。

参考文献

［1］熊克武. 台江苗族历史文化［M］. 北京：北京文化出版社，2010：11-22.

［2］胡嘉玮. 基于施洞苗族银饰本土纹样的首饰再设计研究［D］. 成都：四川师范大学，2017.

［3］杭间. 原乡·设计［M］. 重庆：重庆大学出版社，2009.

［4］杨正文. 苗族服饰文化［M］. 贵阳：贵州民族出版社，1998：50.

［5］程希. 台江苗族古歌题材图像研究［D］. 重庆：重庆师范大学，2017.

［6］顾惠云. 贵州（凯里台江）苗族传统盛装刺绣色彩的应用研究［D］. 北京：北京服装学院，2017.

［7］席克定. 苗族妇女服装研究［M］. 贵阳：贵州民族出版社，2005：76.

［8］余未人. 苗族独木龙舟节［J］. 当代贵州，2009（2）：60.

［9］詹昕怡，刘瑞璞. 苗族"交襟左衽衣"结构的节俭设计方法［J］. 设计，2017（21）：91-93.

［10］华梅. 服饰社会学［M］. 北京：中国纺织出版社，2005：14-18.

［11］吴平，杨竑. 贵州苗族刺绣文化内涵及技艺初探［J］. 贵州民族学院学报（哲学社会科学版），2006（3）：118-124.

［12］钟玮. 社会转型下藏羌本土织绣手工艺可持续性发展［J］. 丝绸，2017，54（10）：76-83.

［13］方李莉. 本土性的现代化如何实践——以景德镇传统陶瓷手工技艺传承的研究为例［J］. 南京艺术学院学报（美术与设计版），2008（6）：20-27.

半自动小样机缂织"财神"的探索

耿亮,孙艳,包术进

(成都纺织高等专科学校,四川成都,611731)

摘要: 缂丝作为我国最古老最传统的丝织工艺之一,其作品完美地结合了织造技艺与书法绘画艺术,被称为"雕刻的丝绸"。在当今被大型机器所代替的社会,这门沉淀了祖先的汗血与思想精华的技艺却逐渐淡出人们的视野。为了传承这一伟大的民族精华,我们应该大胆创新,敢于直面挑战,通过努力传承和发扬中华民族的精神,让子孙后代体会到古人的坚韧和对民族文化的热爱与尊重。本文从理论和实践两方面,通过对缂织技艺的探索,结合SGA598型半自动小样机生产特点,织造出以民间风俗为主题的作品《财神爷》,并总结了在半自动织样机上进行缂织创作的技巧和经验。

关键词: 缂织,半自动织布机,传承,开发

一、引言

缂丝是中华民族最古老精湛的丝织技艺之一,是通过通经断(回)纬的方式制造的平纹或其他组织的特种丝织品,也是中国特有的将绘画移植于丝织品的一种工艺美术品,通常以细蚕丝为经,色彩丰富的蚕丝作纬,纬丝仅于图案花纹需要处与经丝往复交织。因其"承空观之,如雕缕之像",如同被刀刻出来的丝绸,所以又称为"刻丝"。

根据现出土的文物及相关工作考证,缂织技艺已经经历了数千年。从西域缂毛传入,经过唐宋元明清以及现代的传承和发展,缂丝技艺不断得到创新,不断地被丰富。唐朝,缂丝作品注重实用性,多为丝带等,所缂作品具有明显的"水路",技艺简单实用。宋代作品花样繁多,技艺不断丰富,后期作品从实用性不断向欣赏性转变。元代作品粗犷有力,古拙苍劲,作品在华丽富贵方向不断突出。明清缂丝技艺种

类繁多，并创造了诸多技艺，作品无论是技艺还是色彩搭配，都有超越前人之功。但到后来由于战乱不断，工业革命的兴起，使得这一民族瑰宝逐渐被世人遗忘而没落。随着改革开放兴起，这一民族瑰宝跟随国家发展的步伐又逐渐出现在人们的眼中，其中以苏州最为特殊。缂丝虽有较兴起之势，但是这种家纺式的生产方式仍不能得到很好的发展。为传承和发扬这一非物质文化遗产，将现代纤维艺术与传统缂丝技艺相融合，我校纺织工程学院一群热爱纺织文化的学生自发成立了"缂织社团"。结合学生社团的实践工作，本文探讨了在半自动小样织机上进行缂丝作品创作的经验和技巧。

二、半自动小样织机缂织工艺

（一）织机的选用

缂丝作品，主要用一个木机生产织造。它是一种极为简单的平纹木机。缂织时，要先在织机后方穿好经线，然后在经线下衬垫画稿，艺人用毛笔将画稿上的图案描绘在经线上，画好之后就开始用小梭子根据花纹图案缂织。为探索缂丝技艺在现代纺织技术的应用情况，本次缂织研究采用SGA598半自动小样机。SGA598半自动小样机采用气动提综开口装置，避免了传统纹钉机械结构易磨损等缺点；具有动作平稳、噪音小、可靠性高的优点。

（二）原料纱线

为了更方便地研究缂织技艺，经纱选用涤纶缝纫线；纬纱选用20%羊毛80%腈纶混纺纱。

（三）缂织工艺流程

1.传统缂丝织造步骤

缂丝织造一般会经历十大步骤，每一步骤环环相扣，必须细心谨慎，一旦出错就会出现次品或废品。其工艺流程如下：

（1）落经：将用于经纱的细丝固定调整在织机后轴。

（2）牵经：把已经固定在后轴上的生丝根据设计的根数、尺寸穿入综框中。此时需用到专用工具——穿竹筘。

（3）上经：包括接经头、拖刷经面、打结、嵌经面、捎紧等。

（4）挑交：把穿好的经丝交替排列分成为上下各一根。

（5）打翻头：将每根经丝扣在丝线圈上，打结在木条板上，分为上下两排，从而使经面可以上下来回交替开口。

（6）拉经面：在已经上好的经面上来回织造几梭纬线，从而让经面均匀排列。

（7）上样：把图案画稿用撑样板放在经面下方，用蘸墨毛笔根据画稿图案在经面上勾画出来。

（8）摇线：将用于纬纱熟丝色线圈绕到竽筒上，圈绕好了之后就将线筒装进梭子里面。

（9）缂织：双脚轻踏踏木织机下方竹棒，以此来控制经面上下开口，艺人纯手工穿梭，根据需要穿梭后在纬线上将梭子均匀拨压，另一只手将纬线条轻轻按住，慢慢放松纬线，拨压好后双脚轻踩方竹棒交替经面开口形成一纬。如此反复来回，完成后就将成品从织机上剪下。

（10）修毛：缂织结束后的缂丝织品正面有许多纬线线头，为了使织物更美观也必须将线头修剪掉，把织品平放于光滑表面物体上，用小剪刀轻轻地修剪线头，直至完全看不出痕迹，作品也就全部完成了。

（11）上框装裱：为了更好地保存或更好地观赏，人们往往会将成品装裱在镜框之中或装裱成画卷形式，精品大多用红木做的镜框来装裱。

2. 本次缂织工艺流程

本次研究因采用SGA598半自动小样机，所以在织造时所采用的工艺流程有所差异。具体流程如下：

绘稿→整经→落经→穿综→穿筘→梳理→输入纹板→拉经面→上样→卷纬纱→缂织→后期整理及装裱。图1～图3所示分别为绘稿、缂织及成品示意图。

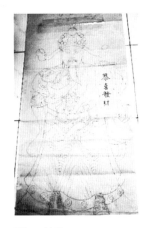  

图1　绘稿　　　　　　图2　缂织　　　　　　图3　缂织财神成品

三、缂织技艺分析

（一）通经断纬

"通经断纬"是缂丝织造工艺中的根本艺术特点，同时作为判别是否为缂丝织品的首要标准。经线采用细生丝，纬线采用彩色多股熟丝，并根据图案需求，变换纬线颜色，一纬中多者需要上百根纬纱，几十种颜色（图4）。

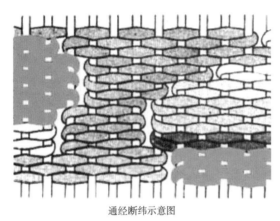
通经断纬示意图

通经断纬实际应用

图4 通经断纬示意图及在实物中的应用

（二）木梳戗

木梳戗大概在宋朝时期被研究发明出来，是把深浅过渡的各色从左向右或从右向左排列整齐，使色彩渐变过渡，各条规整，如木梳形，富有装饰趣味。运用此种技巧，颜色过渡规整，装饰效果强（图5）。

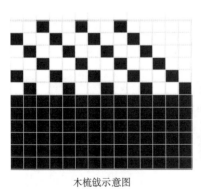
木梳戗示意图

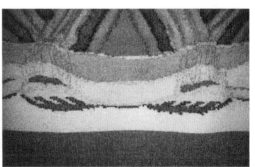
木梳戗的实际应用

图5 木梳戗的示意图及实际应用

（三）"结"戗法

"结"戗法是在宋朝被世人研究出来，是用颜色相近的纱线以封闭型由内向外退晕的缂织方法，用途广泛，用此种方法进行缂织既对称又富有变化，立体效果强，具有很好的装饰性（图6）。

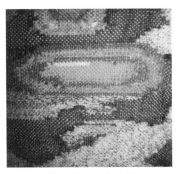

"结"戗法示意图　　　　　　　　　"结"戗法的实际应用

图6　"结"戗法示意图及实际应用效果

（四）构缂法

构缂技艺最早出现在唐朝，是沿着图案构边，一般用颜色较深的纱线，采用单股或双股纱线缂织。该技艺突出了图案轮廓，增强图案的装饰性。广泛应用于缂织花朵、岩石等图案的层次纹理（图7）。

构缂法示意图　　　　　　　　　构缂法的实际应用效果

图7　构缂法示意图及实际应用效果

（五）搭梭法

如果在两个不同颜色的交界处，路线垂直，那么缂织出来就有明显的竖缝，被称作"水路"。为了增强织物的牢固性和图案的稳定性，往往需要在缂织几梭后将两根纬纱相互转绕一圈，使两边连接紧密。本次缂织时，为了加强织物的牢度，采用了加强搭梭，就是每织一梭均相互转绕一圈，这样织造就能看到两面连接得非常紧密，不存在明显的"水路"（图8）。

搭梭法示意图　　　　　　　　搭梭法实际应用效果

图8　搭梭法示意图及实际应用效果

（六）投纬原则

经过缂织的实验研究发现，在缂织时遵循"左右左右"投纬原则，能更好地衔接变化不同颜色纱线的交界处，并且在缂织时要尽量一纬一纬地缂织，示意图如图9所示。缂织技术熟练后，也可以配合"小拨子"和"小梭子"按花纹区域逐块缂织的方式进行，更能提高织造效率。

图9　缂织的投纬原则

四、总结

缂丝作为中华民族的文化精髓，反映了祖先世世代代的文明智慧。古人在创作缂丝时，主要注重实用性和观赏性。我们在继承、创新先辈们的绝技时，应根据时代的需求不断创新，这样才能让缂丝这样的绝技更好地为人们服务，并得到人们的认同。

锦秀非遗
纺织服饰文化研究

我们在缂织时必须注意的事项有：

（1）选择缂织素材时，应当站在时代的背景去选择，符合社会发展观要求。

（2）在落经时，一定要注意纱线是否都排列整齐。在后面梳理工序中，要特别注意经线是否有缠绕的情况，以免发生张力不匀。在缂丝织造时应细心投纬、力道均匀，这样织造的作品才能纬密大体一致，外观平整美观。

（3）缂织技艺应灵活运用，根据织造的要求选择适合的技艺，以体现缂丝的华美。

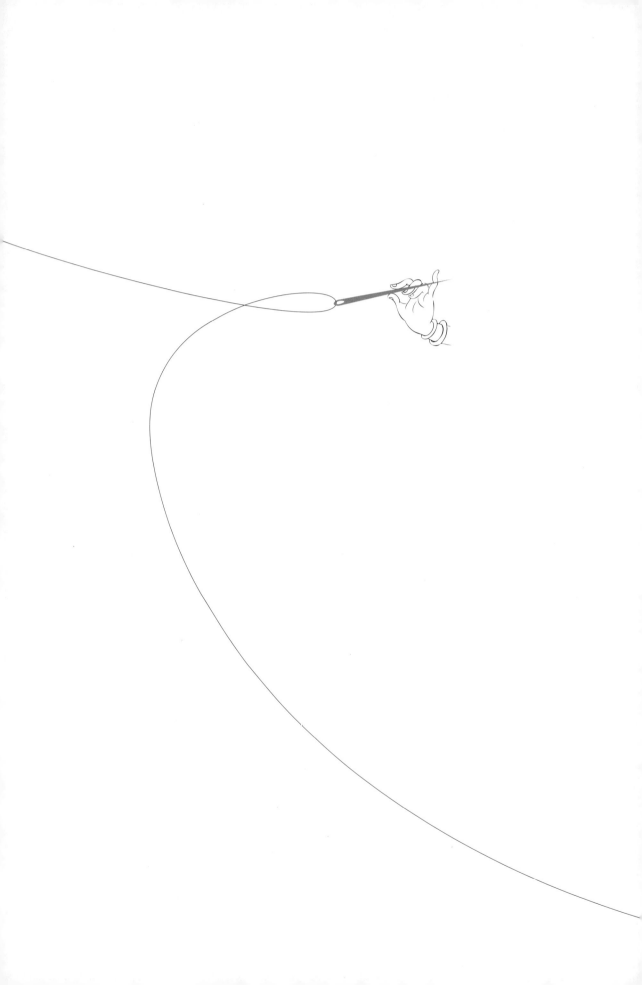

绵竹年画图像元素在现代服饰设计中的运用研究——以门神年画为例❶

胡雪梅

（成都纺织高等专科学校，四川成都，611731）

摘要：绵竹年画是我国非物质文化遗产，是巴蜀地区特色民俗文化的代表，承载了四川民俗文化的民间手工技艺。其图像中包含了众多传统元素，对这些图像元素的运用研究对于现代服饰设计具有很高的参考价值。该文以现代设计理论与方法为基础，以设计实践为依托，先以绵竹门神年画为例梳理可借鉴的图像特点和设计元素，然后把绵竹门神年画图像元素运用到现代时尚服饰单品设计实践中，探讨在现代设计语境下传统绵竹年画图像元素在当下服饰设计中的运用。通过将绵竹门神年画图像元素进行解构与转换，并融入现代服饰设计之中，寻找当代服饰设计语言发展的新方向，让传统文化与现代时尚设计产生共鸣。这既是对传统文脉的继承和发扬，也拓宽了现代服饰设计的文化发展方向。

关键词：绵竹年画，门神年画，传统文化，现代服饰设计

一、现代服饰设计借鉴绵竹年画图像元素的意义

在国家大力提倡推动中华优秀传统文化创造性转化，提升国人民族自豪感和自信心理念的时代背景之下，继承传统文化脉络的现代服饰设计作品成为广大人民群众感悟中华文化、增强文化自信的重要载体。现代服饰与人们生活关系密切，现代服饰设计师应在本民族优秀传统文化中寻求设计灵感，结合传统元素与现代生活，通过对传

---

❶ 成都纺织高等专科学校校级科研项目"绵竹年画元素在现代服装设计中的运用研究"研究成果（项目编号2016fzskb08）。

统文化的继承和发扬，弘扬中华文化传统，使传统的文化脉络得到延续和发展。

绵竹年画是一种具有较高历史价值和艺术价值的传统民间工艺品，既表现了社会风俗习惯，也承载了传统文化精神，通过对绵竹年画中丰富的图像元素分析与转换运用研究，可以为现代服饰设计发展带来新的设计灵感。

将绵竹年画图像元素融入现代服饰设计，以源于传统文化和习俗的图像元素作为设计灵感与基本构架，结合现代服饰设计理论和方法，一方面吸纳传统文化丰富内涵，另一方面适应当代审美理念，运用现代新材料，结合当下全新的图形设计模式与现代设计理念，将提取的图像元素在现代服装设计中加以转换和运用。

二、绵竹年画的特点

年画是曾流行于街角市井的民间艺术形式，它植根于特定的文化地域，是特定群体的历史再现，蕴含着中华民族最基本的文化内涵。绵竹年画曾盛行于我国西南，是中国民间年画艺术的杰出代表之一。绵竹年画经过长期发展，形成了独特的艺术风格特征。绵竹年画多以木版印出轮廓而后手绘填色，构图完整饱满，人物夸张变形，线条古拙流畅，色彩鲜艳明快。

绵竹年画种类众多，最具代表性的图案形象包括门神、仕女、童子等。其中门神年画是绵竹年画中产量最高、销路最广的一种主题形式，也是广为流传的一个类别。一般大门贴武将，院内堂屋贴文门神、画天官和状元，还有贴在寝室门上的以童子和仕女为题材的门画，内容多为抱瓶、采莲、佛手、仙桃、双喜、四喜等。

在绵竹年画图像中有很多元素可提取。如图1这组《立锤武将》门神年画，从人体造型，到盔甲道具、衣服纹饰，均显示出勇猛武将的阳刚之气；其服装上多种图案的组合搭配、内外服装多层叠穿的层次感、色彩搭配的现代性等都可作为现代设计元素。

三、从《立锤武将》门神年画中提取设计灵感元素分析

（一）图案灵感

1.锁甲纹

锁甲纹，又称锁子纹，源于古代铠甲中的一种——锁子甲，其甲环环相扣，连接

图1 《立锤武将》，绵竹年画传承人李方福创作

成片，用以防御弓箭。宋代以后，锁甲纹被广泛使用，因其相互勾连衔接，牢不可破，故有联结不断、保佑平安之意。锁甲纹人字形的单位元素环环相扣，可向四面八方连续排列构成四方连续纹样，这个典型的传统纹样具有很强的现代设计感。

2. 云纹与水波纹

云纹和水波纹是中国古代经典的传统纹样，也是为数不多的贯穿中国历史的纹样。云纹和水波纹，呈现的是飘荡不定，变幻无穷的感觉，是表达奇幻思想的绝妙载体，也理所当然地成为幻想的沟通天、地、神、人的灵魂，同时也象征着步步高升、吉祥如意。云纹和水纹都是以其弯曲自如、连接方便等优点既可作为主体纹样也可作为底纹，还可以作为连接纹样等多种形式出现。这组门神图像中云纹和水波纹纹样的融合运用，既有云纹的圆润气势，也有水波纹的连绵特性。整体作为修饰边缘的图案对服装整体进行修饰。

3. 缠枝纹

中国历代流行的传统纹样，以植物的枝或藤蔓做骨架，上下左右循环往复延伸，形成波线式的二方连续或四方连续。这种结构连绵不断，具有生动的节奏感和韵律美，是古今中外常用的服装面料元素。

4. 花卉纹

花卉纹，通过艺术手法将花卉形状、色彩、神韵等进行提炼和再现，采用深色和鲜艳色彩做底纹，上面用含蓄的色彩画出散点暗纹状的花卉纹样。整体图案层次清晰，非常符合现代设计审美。

（二）色彩灵感

绵竹年画作为民间的墙上装饰品，整体的色彩艳丽明亮、对比强烈、和谐统一、单纯朴实，给人以很强的视觉冲击力，具有浓厚的乡土气息。常用黄丹、佛青、桃红、草绿等纯度较高的色彩作为主色调，使画面既热闹又充满生机和活力；常用猩红、天蓝等鲜艳的颜色作为辅色，与主色形成互补或强对比效果，使画面色彩鲜艳明快，具有强烈的视觉冲击力；常用金、银、黑、白等线穿插在强对比色彩中，协调画面整体色调，形成深、浅、明、暗过渡，使整体画面色彩和谐统一。比如图1《立锤武将》门神年画中的色彩设计思路是分别以鲜亮的橘色和蓝色为主调，与局部的蓝色、红色和绿色形成强烈对比，金色花纹和勾边增加了细节，整体形成了年画的独特魅力。这种配色方式可以运用在现代服饰设计中。

（三）风格灵感

图1《立锤武将》门神年画中御前侍卫武士像，其面部端庄方正，注重眉、眼的刻画，道具刻画尤其细腻。无论从人物造像，还是盔甲道具，衣纹服饰，均体现了英武豪气的中式风格。这种传统中式风格可以作为一种中性的带有阳刚之气的服装风格灵感，同时与现代设计中的图像转换手法结合，为传统文化元素融入现代服饰设计打开设计思路。

（四）从制作过程中寻找设计灵感

设计灵感不仅来源于具体的元素，还来源于实物的制作过程。绵竹年画的制作过程是先起轮廓线稿，然后雕版，再将其印刷到纸上进行描绘。印出的线稿只起轮廓线作用，需要在轮廓线内手绘上色才能完成年画的创作。用同一张木刻板印出一批轮廓相同的年画底稿，通过不同艺人的加工，运用不同的表现手法、不同的色彩效果，形成外轮廓相同，内部细节变化的系列年画。这种系列年画的制作方式也可以运用到现代服饰系列设计中。

四、绵竹年画图像元素运用到现代时尚服饰设计中

从传统中寻找灵感，是对传统的一种继承与解构，是重新创造设计语言，也是对传统文化的保护与发扬。传统手工艺术的产生是基于当时的社会语境，我们需要思考

如何以设计的方式将传统融入现代生活。面对传统图像元素，其历史语境、设计独特性、文化特色、地域文化、社会生活方式等都是今天研究传统文化图像元素并加以设计转化需要考虑的问题。这里的设计与转化既不是简单照搬，也不是全盘颠覆，我们可以从传统文化的产生过程中去寻找、去解构，保留传统精神，通过不同的呈现方式传达相同的气质。

绵竹年画是具有很强图像风格的元素，要让这一文化符号通过服饰融入当代人的生活，选择简单实穿的基础款服装更能被大众接受。

（一）文化精神在现代服饰设计中的体现

想在现代服饰设计中表达出传统文化精神，不能只是简单地复制图像。文化精神是一种抽象气质，传统文化精神应作为一种理念，体现在现代服饰设计中，并呈现为一种独特的文化气质。

设计师在现代服饰设计中延续传统文化精神中的文脉，体现传统图像中的气质和情绪感，主动探寻绵竹年画图案背后的文化根源，在设计中找到绵竹年画图案的文化根系，使设计不再只是简单的图像转移，而是生长并植根在传统的文化脉络当中。

绵竹年画中传统的文化符号是直观具体的东西，但并不代表对这些传统图像符号的运用就是直接截取某个局部。时代在发展，历史在进步，现代服饰设计中对于绵竹年画的图像运用当然也随之变得丰富多样。运用方式可以是对绵竹年画中文化符号的抽象转换，也可以借助绵竹年画中的文化精神来表达。这样的图像转化是多样的，不仅可以使现代服饰设计更加贴切于传统文化，更可以与当下的社会大环境相融合。这样的做法不仅保留了传统文化内涵，而且使传统的文化脉络得到了延续，呈现出动态的发展。当我们在现代设计中传承文化遗产的同时，也正在孕育着未来的历史。在传承文化的基础上，创造属于我们这个时代的服饰设计。

（二）现代设计理念下的图案转换与运用

绵竹年画中的图案元素在现代服饰设计中得到延续与发展，这种延续表现在提取年画中符合现代流行趋势的图案元素，也表现在不同图案元素组合或图案构成形式重组等方面。设计与所处的时代息息相关。如果一定要赋予设计一个怎样的形式，就要赋予它既涵盖昨天，又涵盖今天的形式，而这样的形式正好是建立在我们的文脉传承当中，也建立在我们的文化精神传承当中。

1.图案形式的融合

传统图案元素融入现代面料及服饰设计的有效方法是将传统图案与现代流行图案

及图案构成形式相融合。以门神图像为例，门神图像服装上运用的锁甲纹、缠枝纹、花纹、水波纹都是典型的传统单独纹样或连续纹样，这些纹样都可以提取出来作为现代服装与服饰面料图案设计的素材。特别是类似古代锁子铠甲的锁甲纹，因其相互勾连、拱护，故蕴意联结不断。锁甲纹图案可以作为单独图形，也可作为连续纹样，其视觉上牢不可破的特点具有很强的现代性。2018年某时尚品牌的新标志就运用了这样的形式，其标志具有环环相扣，连绵不绝的视觉韵律，这种纹样的流动感符合现代人的审美标准。在这种概念下笔者也提取了锁甲纹图案作为服饰图案进行现代流行服饰产品设计。锁甲纹表现出的现代感，完全可以作为服装面料图案设计的素材。

打底衫是现代年轻人常穿的服装单品，笔者将年画元素融入时尚服饰单品中，从而让年画文化深入年轻人的生活，让传统文化得以延续（图2）。

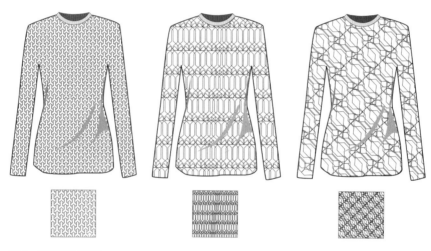

图2　锁甲纹打底衫

2.图像的转换运用

将绵竹年画图像转换运用到现代服饰设计中，可以在保留原图像特征基础上，通过延续、转换与省略等方式，抽离图像所处情境；也可以通过修改图像动作、调整图像姿态、改造图像元素构成等多种策略和方法来实现现代服饰设计中的艺术表现，达到审美效果、功能价值和精神意义的传承和创新。

还是以图1这组门神图案为例，可以直接提取门神图像剪影，以单色图像作为服饰图案直接运用于具体服装款式中（图3）；也可以缩小图案比例，以单独纹样、二方连续、四方连续等构成形式设计门神主题图案面料。

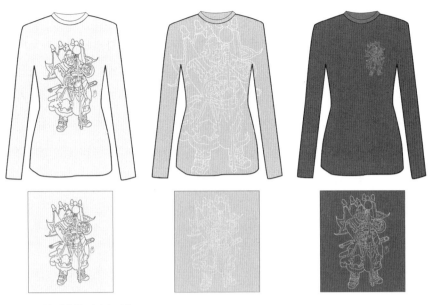

图3 门神纹样打底衫设计

3.传统元素与几何纹样的组合

将当下流行元素与传统元素组合可塑造出新的视觉亮点。在现代快节奏的生活方式和繁复的社会关系下，简洁明快的几何纹样正是现代人追逐的简单生活时尚潮流，也是现代服饰设计不可忽视的流行趋势。将单纯的几何纹样与传统图案元素相结合，共同组成叠加融合的现代图案能让传统图案焕发新的生机。

比如，黑白棋盘格是近两年深受消费者认可的几何图案，提取门神年画元素与棋盘格组合，扭动的棋盘格纹上的门神给人一种动态感，整体呈现先锋视觉效果（图4）。

图4 门神年画元素与流行几何纹样融合的打底衫设计

（三）现代设计理念下的色彩转换与运用

现代服饰设计与今天的时代息息相关，我们需要借助绵竹年画中的典型图像及色彩，经过现代服饰设计的转换而获得新的形式，这样的形式建立在我们的文脉传承当中，也为今后的现代服饰发展作出新的探索。在现代服饰设计理念下对绵竹年画中图像色彩的运用呈现以下趋势。

1.多色改为单色

现代人喜欢单纯含蓄的色彩，在现代服饰设计中如是多色搭配，往往降低色彩饱和度以符合现代设计审美。在对绵竹年画图像元素的运用中，不管是单独纹样还是连续纹样都可以考虑将多色搭配转换为传统年画中的典型单色，强调绵竹年画的典型色彩。

2.改变色彩元素大小

如果直接套用门神元素而不改变形象也不改变色彩，那就只有改变大小。把门神年画缩小，作为满版印花图案，让鲜艳的色彩变成一个彩色小点。即使是多色搭配，也可以变换原来色彩搭配比例，保留原来的色彩，但改变配色面积比例，让一个颜色成为主色，这也是一种传统元素与现代审美相结合的改变之一。

3.色彩局部借鉴

年画中人物面部肤色和服装很多地方都用了渐变的填色方式，而在服饰文创产品设计中正好运用这种渐变晕染的设计手法来塑造数字化迷幻视觉，结合抽象的流体形态图案来表现未来主义风格。

五、绵竹年画图像元素在服饰设计中的现代工艺转换

（一）绵竹年画图像和各类材料、工艺结合设计

在现代服饰产品设计中，可以巧妙地将年画图像融入其中。这不仅可以通过多种传统工艺手法实现，还可以结合传统工艺与现代机械工艺，以创造出独特而富有文化内涵的设计作品。通过传统工艺手法，如染色、刺绣、织造等，可以将年画图像的精髓和特色完美地呈现在服饰上。同时，现代机械工艺的运用，如数码印花、电脑绣花、激光切割等，能提升生产效率，并确保图案的精准度和细节表现力。比如年画与皮影的材质和制作过程结合。皮影是用驴皮或牛皮、羊皮经刮制、描样、雕镂、着色、烫平、上油、订缀而成，可以用皮影的材质和雕镂方式制作年画门神图像，以此

作为服饰图案或制作镂空面料，也可把年画图形缩小在几何外轮廓下，做成胸针或发夹等配饰。

（二）跨领域、跨学科背景下的现代工艺转换

现代服饰设计除了单纯的造型与色彩的审美设计以外，材料与功能设计已经成为设计的创新点。现代服饰设计更强调审美、功能与科技的完美结合。年画原本是纸质平面艺术品，作为服饰设计灵感元素，可以与服饰流行趋势、功能性材料等结合运用。具体要根据服饰品牌风格和档次来选择合适的材料，比如常见的印花 T 恤常用纯棉或涤棉面料，而现代时尚打底衣衫常选择网纱、锦纶或涤纶面料，这类面料更能塑造合体效果，这样更符合现代人的审美要求。面料的选择应紧跟时尚和科技发展步伐，选择市场效果好、性价比优、大众认可度高的流行面辅料。比如将年画图案与具有防晒、塑形等功能性纤维面料组合，设计具有年画风格的现代服饰产品；还可以从装饰、功能角度出发，运用太阳能、温控变色等科技手法，设计制作白天日光充电、晚上可发光的年画效果胸针或包袋等服饰产品，让绵竹年画元素融入现代科技时尚生活。

六、结语

绵竹年画具有深厚的地域文化特色和极具魅力的艺术表现形式，其反映出的社会文化背景及文化精神值得我们深入研究与探讨。绵竹年画图像元素在现代服饰设计中的运用研究不仅能为绵竹年画的当代传承注入新的活力，也为创新传统文化、拓展现代服饰设计方法提供了新的思路，同时也可实现传统文化技艺的可持续发展。

参考文献

［1］范小平.绵竹木板年画［M］.成都：四川人民出版社，2007.

［2］张晓霞.中国古代染织纹样史［M］.北京：北京大学出版社，2016.

［3］黄清穗.中国经典纹样图鉴［M］.北京：人民邮电出版社，2021.

［4］杨智.古代新韵——中国传统纹样与现代设计［M］.北京：中国纺织出版社有限公司，2019.

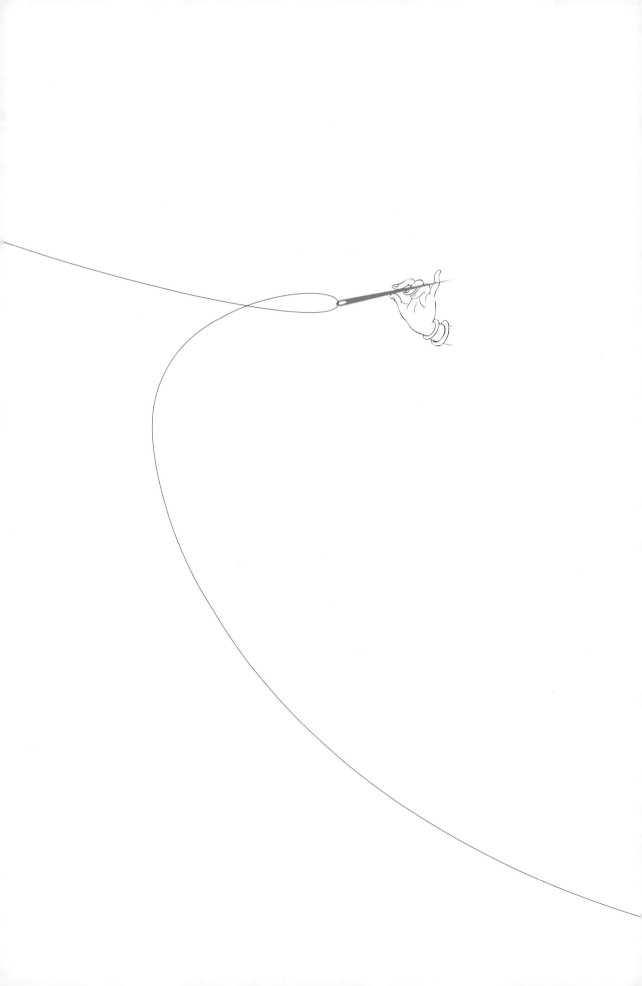

对文旅融合助非遗传承的思考——以嘉绒藏区丹巴县藏绣为例

马晓岚，韩亚东

（成都纺织高等专科学校，四川成都，611731）

摘要： 文旅融合是非遗传承研究不可绕开的领域，旅客对景点的聚焦点正逐渐转向文化需求，如何将"文化"和"旅游"更好地融合是目前文化传承和景点开发的核心。旅游地区的秀美风光、文化底蕴引发了人们的向往，然而现实中大部分旅游建设主要关注旅游的短期利益收入，忽略了当地文化的保护和输出，在长期来看，反而不利于当地的发展。本文对非遗传承从文旅融合的角度展开分析，以嘉绒藏区丹巴县藏绣为例，旨在研究兼顾文化输出和旅客体验的旅游开发模式，突破传统的旅游思维模式，将非物质文化遗产藏绣融入丹巴县旅游业，使非遗传承从一个新的角度展开，探索适用于当代的藏绣活态传承思路，研究结果可用于其他非遗文化旅游地区推广使用。

关键词： 非物质文化遗产，文旅融合，丹巴，藏绣

一、引言

嘉绒藏族是藏族的一个特殊支系，主要分布在以墨尔多神山为中心的大、小金川流域。丹巴县位于大、小金川汇流处，是嘉绒藏绣的重要发祥地和传承中心。2002年，丹巴县正式打出"美人谷"的名号，美人谷的影响力逐渐从高原民族地区向全国乃至全球扩展。丹巴在旅游产业发展中探索了旅游＋文化、旅游＋艺术、旅游＋农业等多种模式，包括嘉绒藏族编织、挑花刺绣这一宝贵的非遗资源和旅游产业的融合发展。

几千年来，藏绣已逐渐融入藏族人民的日常生活中。作为藏族服饰的灵魂，藏绣

是其民族个性与地域文化的典型代表，也是我国民族服饰文化的瑰宝、重要的非遗资源，但却面临着产品销路狭窄、掌握这项技术的人越来越少、手艺人收入低、传承难等诸多困境。

在丹巴，从村民到管理者，齐心协力发展旅游事业，在多方共同努力下，旅游市场已具有一定基础，实现部分产业升级，有很大的发展空间。在新时代短视频热潮中，当地也在适应新媒体时代的宣传模式，通过新媒体平台，增加游客数量。越来越多绣娘投入当地的旅游产业，达成了经济增收，具备进一步文旅融合，实现全域旅游局面的基本条件。

贾林昭、何照、高晗印（2018年）提出开展嘉绒藏绣公平贸易组织、嘉绒藏绣合作社帮助地区经济发展和嘉绒藏绣发展传承。吴梦婷（2019年）提出以展示空间与嘉绒藏绣的结合的方式带动嘉绒藏绣更好的传承和发展，带动当地经济发展和文化推广。周裕兰（2020年）提出将藏绣非遗传承与高校教育融，能够培养更多的专业人才，促进藏绣活态传承。本文对于丹巴藏绣和旅游融合的研究空白进行补充，探索丹巴县文旅融合新模式，推进丹巴藏绣的活态传承和保护。

二、丹巴藏绣非遗资源概述

非物质文化遗产嘉绒藏族编织、挑花刺绣是嘉绒藏族几千年来为适应当地特有的地理和气候，利用当地资源，通过不断创新和对汉族挑花工艺的吸收，形成了具有浓厚民族地方特色的工艺。在文旅融合背景下，非物质文化遗产和自然遗产、物质文化遗产共同构成了旅游产业的重要资源。❶

根据丹巴罕额依新石器时代遗址出土的"骨质纺轮"可以看出，在新石器时代，即四千五百年前，嘉绒地区就开始了纺织。一方面，嘉绒藏族先民利用藏山羊、剑麻等物产和织造技术，加工出具有嘉绒地区特色的毛、麻织品；另一方面，与内地往来，以贸易形式获取各类与生活有关的棉织品。

藏族刺绣技艺主要是由家族传承（也就是母亲与女儿之间传承），同时兼顾了群体的传承。刺绣技艺已经深深融入了嘉绒藏族人的日常生活中，是嘉绒藏族人赖以生

---

❶ 张洋. 文旅融合时代非遗文化传播的创新策略——以福建省非物质文化遗产保护实践为例［J］. 东南传播，2021（6）：86.

锦绣非遗 纺织服饰文化研究

存的重要手段。

丰富多彩的嘉绒服饰充分反映了藏族传统刺绣技艺的高超，从头上戴着的刺绣头巾到腰上系着的五彩腰带，不论是节日时披在肩膀上的斗篷还是脚下的绣花鞋子，无不彰显出嘉绒女性的聪明才智，处处洋溢着嘉绒文化的芬芳。

在当今全球经济一体化和现代工业文明的影响下，藏族的传统刺绣技艺也面临着与其他非物质文化遗产同样的严峻考验：一是技艺的传承受阻，二是某些技艺濒临失传，亟须抢救和保存。

三、丹巴藏绣面临的机遇

（一）丹巴县绣娘市场初见雏形

在丹巴县，藏绣绣娘数量庞大。嘉绒藏族的女性从古代起就有在服饰上绣花的习俗。在丹巴县，嘉绒藏族的姑娘们十二岁左右就要跟母亲学习刺绣。因此，丹巴县有可观数量的民间绣娘，她们往往技艺成熟，能够很好地完成作品。其中一些绣娘，凭借高超的技艺和出众的作品已具备一定的影响力。

许多绣娘对于藏绣技艺商业化传承初具意识。近年来，为传承传统手工艺，带动妇女灵活就业，在家门口实现增收，丹巴成立了"指尖藏花"民间藏绣专业合作社。其中有的绣娘选择"直播＋非遗"的方式，将技术展现在全国人民眼中。

丹巴县的绣娘市场具有发展的潜力，初见雏形。

（二）短视频热潮让美更易被人们知晓

近年来短视频平台发展迅猛，短视频的用户规模迅速增长，快手、抖音等短视频平台，吸引了数以亿计的用户，催生出跟着短视频去旅游的风潮。同时，人们对"美"的追求越演越烈。美的事物容易被人们推崇，但前提是需要被人们看见。丹巴的绣娘美，绣娘的作品美，短视频媒体的兴起为丹巴县的嘉绒藏绣提供重要的机遇。

（三）丹巴县旅游业发展前景可观

近年来，全国各地的旅游业都有了很大的发展，带动了旅游热。丹巴县委、县政府十分重视发展旅游业，定了以政府为主体的旅游发展战略，并以政府的力量带动旅游经济，以创建"天府旅游名县"为重点，打造"中国最美丽乡村""中国历史文化名村""中国景观村落""古碉·藏寨·美人谷""东女国故都""天然地学博物馆"等丹巴的旅游形象。东至墨尔多山镇罕额依村，南至章谷镇丹巴旅游集散广场，西至卡帕玛群峰，北至幺姑村，丹巴美人谷旅游度假区总规划面积约35.97平方公里，市场庞大。

丹巴县始终坚持以全域旅游统揽经济社会发展，按照"全国最具风情美人谷、全国最佳阳光康养目的地和四川最具全域性的高原乡村旅游先行地"的总体定位发展，大力推进全域旅游示范区创建工作。

丹巴旅游近十几年来发展迅速。从2015到2020年，丹巴旅游接待人数从75.05万人次增长到300.06万人次，年均增长超过60%；旅游综合收入从7.42亿元增长到33亿元。截至2023年9月，丹巴已累计接待游客317.39万人次，旅游综合收入34.9129亿元；分别同比增长41.81%、41.81%。丹巴旅游业已形成了一定的规模，而且市场逐年扩大，前景广阔。

在我国，旅游景点仍然是游客的第一选择。人们收入水平上升，促使旅游需求量增长。随着消费水平的提高，消费观念的转变，旅游消费的普及，我国的高人口基数带来了巨大的旅游消费需求。

（四）丹巴县民宿市场处于快速发展期

短视频所带来的流量，令许多游客慕名前来，"网红打卡地"增加了当地的旅游人数，当地的村民也都在逐步扩建自家的民宿，为了满足放假期间游客的住宿需求，村村寨寨发展旅游，家家户户参与民宿，民宿成为丹巴旅游业中的核心产业。成都市成华区协助丹巴把3条乡村旅游精品线路连接到4条省内的四条生态文化旅游环线，同时协助丹巴做好线上销售；成都电视台《寻美丹巴》栏目、抖音和携程联合推广100多种丹巴特色文旅产品，年接待游客超过100万人次，为丹巴县打上了"全省旅游强县"的金字招牌，加速生态价值向经济价值的转变。丹巴县在国家大力扶持下，通过"一户一策"的办法，大力发展嘉绒文化、民俗展览、观光观光、生态采摘、嘉绒刺绣等多种形式的乡村旅游新业态，截至2024年3月，丹巴县发展各类民宿482家，床位数达10666张。基于政府的大力支持和当地人民的积极配合，丹巴的民宿市场处于快速发展阶段。

四、丹巴藏绣面临的挑战

（一）绣娘人才流失

近年来绣娘数量处于减少趋势，许多年轻的绣娘选择离开家乡发展，没有继续学习藏绣技术，导致藏绣面临着传承人少、难以传承的困境。当地越来越多的年轻女性不再将藏绣作为一种地域传承文化看待，尽管她们中不乏喜欢藏绣的，目前藏绣已经失去让她们以此作为职业的优势。以绣娘为职业是枯燥的，跟当前年轻人喜欢的时代节奏不相符。藏绣的学习需要长期的过程，不像其他行业可以在短时间内完成培训，职业绣娘无论从收入还是从工作性质上，都不具备优势。

留在丹巴县当地的绣娘普遍年龄偏大，对于一些新知识的学习和接受非常缓慢，这也在很大程度上影响嘉绒藏绣之后的发展。

丹巴的专业绣娘少，导致供不应求，聘请的绣娘只会基本的藏绣技术，没有掌握更加深层次的技术。

（二）旅游模式单一，缺乏创新

丹巴地区传统旅游市场普遍经营模式单一，从核心竞争力来分析，缺乏创新和特色，缺乏旅游复合型项目。在大众旅游、全域旅游时代，景区应逐步向综合化、智能化、体验化方向发展。泛景区化特征日趋明显，使单纯性观光游览逐渐成为过去时。单纯的旅游项目缺少集聚效应、吸引人流等方面的优势，连带发展与旅游密切相关的产业较少，收益较低。

游客的旅游需求发生变化，如果旅游市场不与时俱进，市场份额会越来越小。特色游、深度游是一种生活方式的体验，不是走马观花，到此一游。游客的个性化与良好体验的需求，与现在低水平旅游之间的缺口非常明显。许多游客到景区不仅仅是为了欣赏景区景色，更主要是为了深度体验当地的风土人情、地域文化，为此他们会愿意尝试更多新奇的旅游项目。旅游市场中提供的个性化服务太少，服务中人情味太少，都会使游客的体验值下降。

（三）相关新媒体内容同质化严重，缺乏创作深度

目前，在抖音、快手等新媒体平台中，已经有少量丹巴人成为独立的网红或主播，但是他们的作品表现出了"同质化"的倾向，缺乏深度，难以在短时间内脱颖而出。这种同类型的短片，在内容上有着高度的相似性，但质量相对较低，在不断浏览类似内容之后，使用者就会慢慢失去兴趣，产生审美疲劳。创作者没有得到专业的指导，发布的视频大多平平无奇，不能充分地宣传丹巴地区的特色，很难有爆款视频，不能带来足够的流量，导致直播宣传时，直播间的人数较少，难以吸引游客前来消费。

（四）相关线上产业较少

丹巴县线上旅游产业很少，只有关于票务、酒店的线上预订服务和一些当地产品

的展示，没有产品的线上购买渠道。线上平台的开发和运营固然需要投入巨大的人力、物力与财力，但是它产生的经济效益却是无法估计的。如何做好有文化特色的线上平台，线上线下融合一体化，也是嘉绒藏绣面临的挑战。

五、以丹巴县藏绣为核心的文旅融合开发具体建议

（一）打造丹巴绣娘网红民宿村

与当地民宿签约合作，发展连锁绣娘主题民宿，致力于打造丹巴绣娘民宿网红村。

可以将原有的民宿进行功能分区，分为展示区和住宿区。展示区展示藏绣作品，把产品变成纪念品，纪念品变成艺术品；住宿区作为本板块业务的主要运营场地，设置不同主题的藏绣元素住宿房间，吸引游客选择感兴趣的民宿入住，同时推荐不同优质套餐，让游客在入住同时体验当地藏织绣文化。

可以推出"四免游"两种套餐活动：第一种，住宿费299元/晚，提供免费早餐、免费赠送藏织纪念品一份、免费绣娘导游、免费参与娱乐活动（可在篝火、丹巴锅庄、藏戏三类活动中选择一个参与）；第二种，住宿费499元/晚，提供免费早餐、免费DIY纪念品一份、免费绣娘导游、免费参与娱乐活动，游客可以根据自己需求多方面选择。此外民宿打包营销，可为游客制定专属VIP年卡，2999元/年，年卡可自用，也可转送亲戚朋友。

（二）打造丹巴绣娘红互联网IP

连锁民宿和当地的绣娘签约合作，对她们进行培训，新媒体平台运营技能赋能，帮助她们运营新媒体账号，实现引流和经济收入增长。

利用抖音、小红书、微信、微博、快手等新媒体平台进行宣传，建立互联网矩阵，全平台同步更新。拍摄绣娘的生活工作、丹巴优美景色和藏绣主题民宿，让丹巴绣娘走红网络，打响丹巴绣娘的知名度，同时展示丹巴的自然风光、地理风貌、民俗风情、特色美食和非遗技艺，丰富丹巴绣娘题材短视频的传播内容，使更多的人知道丹巴绣娘民宿和嘉绒藏绣及藏文化产品。

连锁民宿入驻第三方电商平台，如淘宝、天猫、美团等，在平台上进行产品的宣传销售。绣娘定期通过直播的方式分享绣娘的生活、丹巴的民宿、藏文化产品、藏绣工艺、丹巴特色旅游服务，做到以人带货，以人带场，让更多的人向往丹巴的生活，

锦绣非遗
纺织服饰文化研究

更多的人愿意来丹巴旅游，爱上藏族文化，让产品走出大山，以非遗文化带动乡村振兴。

建立专属丹巴绣娘微信群，游客进群后，向亲朋好友宣传"藏美寨"即可成为民宿年会员，有机会抽取精美礼品一份，会员期间入住可以四免费。建立专属丹巴绣娘微信群，推送增值服务：游客进群后，若向亲朋好友宣传"藏美寨"可成为民宿年会员，有机会抽取精美礼品一份；不定期推出幸运抽奖活动；游客可参与收费藏绣活动，由专门绣娘指导制作，还可选择专人录制、剪辑短片，会员88元/次，非会员128元/次。

打造网红IP村，确定绣娘民宿为主要IP，为"丹巴绣娘红"红遍全国做铺垫。在发展到有一定流量基础后，与博主合作，与品牌联名，为产品和民宿引流，打响国内知名度，带动整个景区绣娘与民宿的良性发展，开拓国内藏文化产品市场，以此打造绣娘网红IP村，带动整体经济发展。

（三）打造丹巴藏绣手工体验项目

游客可亲身体验藏绣较为简单的制作环节，如分线、配色等，也可体验制作完整的文创产品，还可以根据自己的实际情况和设计灵感进行藏族织绣图案设计，将设计想法融入不同难度的产品中，由当地绣娘指导游客绣制专属纪念品，也可将自己设计的图案放在民宿展示区进行展销，增加游客体验感。利用DIY的形式让消费者更近距离地接触藏绣，在实际动手操作中感受藏绣的文化寓意和产品的独特魅力，达到推广藏绣的目的，使旅游业向着更深层次的文化旅游发展。

（四）打造适应新时代的特色文创产品

在不破坏藏绣的纯粹性与原真性的前提下，研发各类创新型产品，让传统藏绣多方吸收不同技艺，推陈出新，结合当地的文化特色，形成独特的产品风格。促进传统藏绣艺术与流行文化的结合，使藏绣设计品种更加多样化，从而提升其知名度和美誉度。开发一系列的藏绣文创产品，在保留其文化内涵的基础上，对图案与色彩进行设计，将藏绣从传统服饰扩展到具有艺术价值的旅游产品，设计出符合当代消费群体生活态度的新型旅游产品，展现藏绣的文化魅力，让人领略到精湛的刺绣工艺，体验到传统文化的内涵和民族工艺的沉淀，从而吸引更多的游客。❶

---

❶ 朱茜，吕轩. 嘉绒藏族编织和挑花刺绣工艺的调查研究与活态化传承 [J]. 轻纺工业与技术，2019（10）：82-83.

六、结语

    非物质文化遗产承载着世代相传的民族记忆，非遗不仅需要被人们铭记，更需要用新思维、新方法，使其在新时代活起来、火起来。坚持非物质文化遗产活态传承，要考虑非遗文化传承和传播的长远未来，以可持续发展方案将文旅融合业态升级，提出切实可行的方案，让非遗走出乡村，走向大众视野，让后人通过非遗领略到中华民族悠久而博大精深的灿烂文明。如何将丹巴藏绣乃至更多的非物质文化遗产传承好、保护好、弘扬好，并与时代相结合，做好活态传承，值得我们持续探索。

羌族刺绣图案在现代文创中的应用与发展研究

李晓岩，吴明秀

(成都纺织高等专科学校，四川成都，611731)

摘要： 少数民族"非遗"保护是近几年的热点项目，但其研究和发展仍显不足。深入挖掘"非遗"文化内涵、价值精髓及精湛手艺，尤其是创新利用羌族文化和传统技艺方法还需进一步进行探究。本文通过查看资料、访谈法、对比分析研究法、实际分析法，在前人研究的基础上对羌族服饰与羌绣的发展历史、羌族文化在服饰及刺绣图案上的表现、羌绣图案的运用情况、发展方向与原则进行简要探究，归纳总结出羌绣图案应用于文创产品中可考虑的方向和原则。

关键词： 非物质文化遗产，羌族刺绣，图案

我国一位著名的人类学家、社会学家曾评价羌族为"一个向外输血的民族"。这个为中华民族文明贡献颇丰的民族是我国历史上存在最古老民族之一，饱含深厚的文化积淀，历经历史长河的洗涤与岁月的筛选留下优秀而丰富的民族文化。羌族服饰与羌绣伴随古羌族的发展逐渐形成特色，有着悠久的历史。经过历朝历代的战争、迁徙、商贸等活动，古羌人逐渐融入中华民族。同样，随着迁徙变更，从古羌人中也逐渐分化出藏族、白族、纳西族、傈僳族等汉藏语系藏缅语族的少数民族，他们在生活上、服饰文化上与羌族相融但又相区别。由此可见，研究羌族刺绣等少数民族"非遗"并将其创新应用到现代设计中，对传承和弘扬中华传统民族服饰文化有着重要且深远的意义。

一、羌绣技艺的历史起源

由于羌族是一个没有自己民族文字的民族，对于其历史起源很难通过大量文字记

181

载文献得到查证，对于其传统服饰和手工艺的记载更是寥寥无几。因此只能通过古羌人的迁徙路径寻找其遗存的痕迹、民间传说和极少数羌族史的研究资料中查找羌族服饰文化的起源与发展。

刘珂曾在《羌绣之我见》中说道："羌绣必须有载体，才能在上面绣出花鸟、景物等。这个载体只能是麻、丝、棉等纤维编织而成的物件。"因此，要探究羌族服饰的起源，我们可以从羌族使用的刺绣载体出发（图1、图2）。之后刘珂结合沈从文对羌绣起源推断及东汉马融的《樗蒲赋》中的史料记载，提出古羌人刺绣技艺应早于母系社会。

图1　汶川茂县随时随地绣花的妇女　　　　图2　羌族刺绣姑娘

二、羌绣图案的来源与文化表征

（一）羌绣图案的来源

羌族是一个热爱大自然的民族，"逐水草而居，以游牧为业"的古羌人从民族起源时就同大自然密不可分，随着不断迁徙的生存环境的改变，最终形成了"依山居止，垒石为室"的民族特色。这样的生存环境造就出羌民族顽强不屈的精神，同时也充实了他们的物质和精神生活，为羌绣图案提供了丰富多样的题材。服饰刺绣艺术既是羌族文化丰富多彩展现，也是历史发展过程中羌人对自然界的认识及将艺术创作融入生活的结晶。大地、草木、羊群、白石、火、太阳等这些与他们生活密切相关的自然存在物成了他们的崇敬之物，也被智慧勤劳的羌族人民创作成了美丽的绣品。

（二）羌绣图案中的文化表征

1. 羌族服饰上的火镰纹刺绣

羌族人对火的崇尚主要体现在羌族民俗、生活日常活动中，如火葬、火祭、服饰刺绣图案等。

羌族尚火也表现在羌族服饰上，如羌族鞋类中最重要的云云鞋（图3），云云鞋上就绣有火镰纹图案。据实证，羌族服饰刺绣中的云纹形象就来自于羌人随身携带的火镰，用于生活中大火的火镰。云云鞋鞋面绣着大小样式各不相同的火镰纹：在鞋跟两边都绣上红色的火镰纹，火镰纹变化而成的云纹图案绣在脚尖上（图4）。羌族青年男子的云云鞋则以黑色面料为底色，然后在上面大面积绣红色云纹。羌族妇女的云云鞋色彩更艳丽多彩，图案装饰更繁多。羌族妇女云云鞋采用绿、蓝、黄等布拼接，同样在鞋面绣红色云纹（火镰纹），有的采用挑绣、补绣、和绣花结合的手工刺绣图案，使云云鞋色彩及图案更加饱满。做工精细，图案极具活力。

图3　鞋面绣云纹即火镰纹的云云鞋　　　　图4　红底与火镰纹相呼应的云云鞋

羌族女子服饰多采用红色、蔚蓝色、深蓝色面料，盛装或出嫁时的红色长衫的前后襟及其下摆都要绣上火镰纹或者云纹，在长衫两衩镶饰花边中间突出部分也是火镰纹（图5）。火镰纹或云纹的利用最常见的是理县蒲溪妇女的背心，在长衫两衩、背心下摆、背心两侧下摆、门襟等多处绣以火镰纹或补花绣为云纹为装饰，做工极其精细（图6）。羌族释比的羊皮褂褂上及上装袖口也用火镰纹装饰，使释比的形象更具有象征性和权威性。

图5　绣火镰纹的外套　　　　　　　　图6　绣火镰纹的背心

有的刺绣也会使用红色的绣线或红色为主色的图案，如图7和图8中白色或黑色打底的红色火镰纹刺绣图。

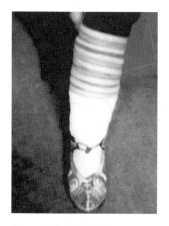

图7　羌族女子绑腿　　　　图8　绣花鞋与绑腿

2. 羌族服饰上的羊图腾纹样

说到羌族图腾，最被常提起的就是羊，羊作为图腾，已经是羌族的一种标志。古羌人崇拜羊，羊是以游牧为主的羌人不可缺失的一物，羊在羌族生活中扮演着多重身份，可食用抵御饥饿，可穿戴抵御寒冷。

羌人的生活与羊息息相关，作为羌族图腾与羌族服饰结合成为羌族极具代表的民族文化。在羌族基本人人都有一件以上的羊皮褂褂（图9）。盛装或婚礼时必须穿着羊皮褂褂，新娘将红嫁衣上套上羊皮背心已经成为羌族婚礼的一种时尚新婚服装。年轻女子的羊皮褂褂还要镶多遍滚边，在两衩处或门襟处绣云纹和蝴蝶纹。出生不久的小孩就要戴用羊毛装饰的花帽，到了十二岁的成人礼上，释比（图10）会把白色羊毛系在孩子的脖子上，打花结，寓意着得到羊的庇护，辟邪除害，保佑小孩健康成长。

图9　羊皮褂褂　　　　　　图10　穿羊皮褂褂的释比

除此之外，羌人还利用羊毛纺线制作服饰。在羌族刺绣中，最常见的刺绣图案是羊头图案，如"羊角花"（图11）和"四羊护花"（图12）就是以羊为主题的组合纹样。刺绣中的羊头纹样相当突出，羊角盘旋卷曲，两只眼睛又大又可爱亲切，让服装饱含高贵与善良的感情。羊纹多用在羊皮褂褂、围腰、头帕和各种手工品上，精致而富有鲜明形象。

图11　羊角花

图12　四羊护花

3.羌族服饰上的万字纹

自古以来羌人尊崇太阳为十二神之一，被视为众神之首，古羌人自诩炎帝，以太阳或火为图腾。因此崇拜太阳如羌民对自然的崇拜一般尤其突出。据说在羌语中太阳译为"烤火热"，太阳与火融为一体。据史籍记载，古羌人惯用太阳历，以火为部落名号，崇拜红色，且羌族的宇宙核心观既是太阳。把太阳奉为天神，释比担任羌族祭日任务（图13）。羌族以太阳神为图腾的历史悠久，内容丰富庞杂。

图13　茂县羌民祭天仪式

羌绣中的万字纹是代表太阳的一种符号。据考古证实，六七千年前的古羌人的生活地区——甘肃、青海等地的新石器时代遗址中就找到了带有万字纹的物件。现今，万字纹在羌绣中大量出现，是羌族服饰中的织花带的主要纹样（图14）。羌人视其为太阳，认为绣有万字纹的织带拥有神奇的力量，可以辟邪除害，保佑平安。盛装或姑娘出嫁时必须穿戴绣有万字纹的织花腰带，用织带扎捆彩礼嫁妆。特别是在汶川威州一带，羌族男女的腰带多为织花带，其织花带的主要图案就是万字纹或其变化图案（图15）。

图14　羌绣中的万字纹

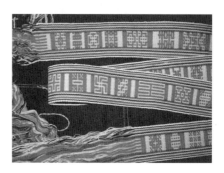

图15　万字纹腰带

羌族有尚红的习俗，自古羌人以红色为他们的吉祥色，这与羌人崇尚太阳和火有直接关联。在现代羌族服饰和日常生活用品中也普遍喜红，新娘服装、婚宴用品、羌族女子长衫、绣花鞋等大都是红色（图16）。此外羌族还有一个最高礼仪——挂红，是羌人在比较重要的场合时进行的礼仪环节，代表热情、尊敬、欢迎、热爱、感谢、慰问等感情。

图16　羌族新娘

4.羌绣其他图案的文化寓意

羌族刺绣图纹多样，多以动物、植物为主，除上面提到的太阳纹、万字纹、羊角纹、火纹（火镰纹）外，还有龙纹、猴纹、狮纹、狗纹、树纹（柏树纹和杉树纹最常用）、羊角花纹、鸟纹、"凤追凤"纹、"鹭鸶采莲"纹、牡丹纹、锦鸡纹、菊花纹、桂花纹、石榴纹、金瓜纹、蝴蝶纹、几何纹等图案。这些刺绣图案与羌人的生活息息相关，目前羌族刺绣的图案的种类十分丰富，但据考察，不同历史时期他们所用的刺绣图案是不同的。羌族人经历了很长一段时间的游牧迁徙历史，随着自然环境的改变，他们对生活环境从适应到依赖，把对自然的感情不自觉地抒发到日常生活中，图腾崇拜，生活装饰由此逐渐丰富。同时这些图案又饱含羌族的民族文化，融合了羌族的审美文化和精神文明。

三、羌绣图案的设计应用

羌绣作为非物质文化遗产，需要文创设计师们深入探究和挖掘刺绣图案艺术的民族历史文化，在对刺绣图案艺术特征和民族文化的深入分析解读、学习的基础上找到刺绣图案与文创产业的融合点，赋予产品灵魂的同时保护和传承羌绣图案的独特艺术文化特征。羌绣图案的设计应用可从羌绣图案的造型、色彩和工艺三个方向考虑。

1.羌绣图案造型的应用

通过改变羌绣的图案呈现或羌绣承接载体，把羌绣融入文创产品的开发与应用中，获得大于其本身的价值。在创作文创产品时，可抓住产品的特点，同时把握羌族刺绣图案的造型特色，从具体到抽象，再到具体，和产品结合，赋予产品独特的意义，赋予其特色的内涵，切忌简单地挂着跨界联名的旗帜，物与物机械相加。

羌绣有着丰富的图案，很多图案本身极具特色，蕴涵丰富意义，如寓意平安吉祥、幸福安康的四羊护花图案、代表守护的羊图腾图案、代表忠诚的狗纹图案等。将其结合产品理念的需要，进行拆分解构重组等形成"设计中的设计"，自会有创新的美和兼具审美价值与收藏价值的产品诞生。

2.羌绣图案色彩的应用

在羌族服饰和羌族刺绣图案中，民族色彩浓郁，具有强烈的民族图腾崇拜的韵味。如羌族刺绣中多用白、黑、蓝为底色，绣线多用大红、水红、白、黄、绿等艳丽明亮的颜色。现代文创产品在设计过程中可选择性提取羌绣图案的配色原理和规律。

对于顾客消费文创产品最重要的两个目的便是产品的审美价值和收藏价值，羌绣图案色彩丰富，寓意也颇具特色，对文创产品的色彩设计来说选择羌绣色彩的多样，设计方案的丰富，是一个极大的优势。

3.羌绣图案工艺的应用

羌族刺绣历史悠久，刺绣工艺也越发成熟，对羌族刺绣发展至今有极大影响。羌族刺绣工艺中锁绣是我国刺绣工艺中最古老的刺绣针法。羌民在锁绣基础上研究发展出多种刺绣针法，使得羌族刺绣在历史长河中变得更具魅力。羌族刺绣针法还有平针绣、压针绣、眉毛绣、纳纱绣、补花绣、十字绣等别具一格的针法。不同绣法有不同的风格表现，如十字绣就显得精致富有装饰性，缉针绣朴素而整洁，参针绣富有层次感。同种图案使用不同针法会有不同视觉效果，不同服饰部位采用不同图案刺绣及不同的刺绣针法所表现出的效果不同。

在现代文创作品中，可选择性利用羌绣针法对产品图案或纹理装饰，为产品增添手工之美。改变刺绣的载体，为文创注入刺绣的灵魂。文创产品的开发不仅需要关注产品的色彩、图案、造型，也应该考虑匠心技艺，用心制作的产品更能让人动心。羌绣一针一线绣的是文化，绣的是情感，绣的是一代一代人的智慧与血汗。这才能为文创产品注入有趣的灵魂。

四、现代文创的运用现状与发展前景

（一）文创概念

文创即文化创意，文创产品即文化创意产业领域的产品。提取传统文化的文化灵魂，将其与产品设计结合，赋予产品文化内涵，从而得到价值较高的文创产品。文创产品的价值所在不仅包含产品自身的功能性价值，还包括产品的审美性价值和情感性价值，也就是说满足顾客功能性需求的同时满足顾客精神需求。

（二）文创应用现状

1.文创消费市场分析

中国美术学院副院长杭间认为："发掘出适合年轻一代的文化价值观、审美品位、时尚因素是非常关键的，这是传统工艺跟现代生活相结合的一种方式。"诚然，如今年轻一代作为消费主力军，更是文创产品的主要追捧者。国潮热正是在这群年轻消费群体中兴起。国风、国潮等越来越受欢迎，以中国元素为基础的中国风正在慢慢渗透人们的生活。这是文明的复苏，是传统文化的创新发展。由此可知，文创的发展前景是美好的，明朗的，这片草原广袤而勃勃生机。

2.文创应用现状分析

现今文创应用方式多样，近几年，"文创"已成热词，伴随着当今社会的经济发展，人们消费能力的提高，消费观念的转变，消费者越发追求商品的文化价值以满足其精神需求。故宫口红的爆火、百雀羚的复苏、中国李宁联名国产红旗等文创品牌的崛起，正是借鉴和利用了我国物质和非物质遗产，从图案、色彩、工艺等方面创新创造。将文创产品和经典传统文化结合，改变美的载体，用另一种方式将经历时代磨炼的精神财富，物质财富展现在大众面前。这也正是当今市场的新机遇。如故宫文创用品的成功原因，首先在于其丰富的馆藏文物，其次是设计师们在故宫历史文化的特色上创新，将经典文化元素、中国元素融入现代产品中（图17）。通过创新的方式将故宫历史文化特色呈现出来，走进大众生活，真切感受自己民族自己国家的精神宝藏。

汉服、古典音乐、中国宅院、民间手工技艺等具有古风古味的传统文化之物，正在以一种形式出现在大众视野，出现于世界市场。我们始终相信，文创产业和中国元素的创新会成为未来的潮流。但设计师与品牌在进行文创产品设计时一定要做到：人无我有，人有我新，人新我特。切勿盲目模仿，没有灵魂的文创不是真正的文创。

图17　文创产品：充电宝、暖手袋和化妆镜三合一

3.羌绣图案文创应用现状

羌绣图案与文创产品结合最多的是羌族旅游地区的香包、手提包、扇子、绣鞋、抱枕等小物件产品（图18～图22），其次是羌绣刺绣diy和服饰品牌与化妆品联名。

图18　羌绣文创产品居家拖鞋

图19　羌绣文创产品抱枕

图20　羌绣文创产品刺绣墙挂

图21　羌绣文创产品灯罩

　　羌绣具有浓郁的民族特色和鲜明的地域特征，与羌族人民生活密切相关。藏羌织绣技艺的国家级传承人杨华珍创办了成都华珍藏羌博物馆，为古老民间技艺羌绣的传承与保护提供了极好的平台和途径（图23）。她带着羌族妇女一同创作织绣作品，创作了许多文创产品。许多国际大牌注意到羌绣图案和刺绣花纹的色彩明艳、生动活泼之美，纷纷前来商谈合作，让传统文化焕发时尚的光芒。

图22　羌绣编织纹样的创新应用

图23　藏羌织绣技艺
国家级传承人杨华珍

　　从这些品牌与羌绣相结合的情况来看，文创产品的关键在于文化精髓上的设计中的设计，即再设计，而不只是简单地将图案印刻在产品上。在与珠宝品牌苏瑞（ZURI）珠宝的合作中，杨华珍大胆创新配色，将传统文化和美学艺术结合，提取出藏羌织绣中的12月花元素，将传统刺绣工艺和西方珠宝设计巧妙得体地创新创作（图24）。如此，作为千年民族艺术瑰宝的羌绣以崭新的姿态走进大家的视野。

图24　ZURI珠宝与羌绣结合

在羌绣与彩妆品牌珂拉琪（Colorkey）的联名合作中，口红、眼影、粉底液等美妆系列采用羌绣图案包装设计，不仅为产品增加了民族风情，而且为产品增添了些许神秘感，更让消费者期待和喜爱。在产品上采取雕花刻印，羌绣图案纹样清晰可见，提高了产品的档次和时尚魅力（图25）。

图25　珂拉琪（Colorkey）与羌绣结合

在与植村秀的合作中，杨华珍基于产品成分和品牌内涵，分别创作了绿茶花纹和八种植物组合的图案用于产品的瓶身设计。在很多文创产品的设计过程中，杨华珍会基于品牌自身的需求和品牌定位，再结合藏羌织绣的艺术灵魂为产品定制"再设计"，正如她所说："每一次创作都代表我的心。"

越来越多的国际品牌、潮牌借力传统文化进行市场营销，无论是服饰还是茶饮食品联名系列如雨后春笋涌现。恰好这些创意设计迎合了当今消费群体的消费需求，中国文创产业已处于发展机遇期，越来越多的国际品牌开始注意到中国这片广阔的市场，热烈地寻找中国消费者喜爱的图案，用创新的设计让非物质文化活起来、亮起来，走进寻常百姓家。

羌族刺绣图案蕴含丰富的文化价值与审美价值，在文创大热的现代市场，羌绣文创发展具有极大的市场空间。在继承中发展，在发展中继承，从市场需求出发，研究现代消费者的消费心理消费需求，将羌族服饰的文化内涵与羌绣的色彩、图案、工艺灵活运用于生活产品中。坚持正确的方向和原则才能更好地传承文化，更好地创作产品，更好地实现产品的价值。

参考文献

［1］阿坝羌族自治州办公室. 羌绣［M］. 成都：四川民族出版社，2012.

［2］王天华. 羌绣精品图样集［M］. 成都：四川美术出版社，2009.

［3］刘珂. 羌绣在旅游工艺品设计开发中的应用研究——以包为例［J］. 创意设计源，
　　2016（4）：22-25.

［4］钟茂兰，范欣，范朴. 羌族服饰与羌族刺绣［M］. 北京：中国纺织出版社，2012.

［5］刘珂. 羌绣起源之我见［J］. 文史杂志，2016（4）：51-54.

［6］沈从文. 中国古代服饰研究［M］. 北京：商务印书馆，2011.

［7］焦虎三. 简析羌绣艺术的特点与源流［J］. 阿坝师范高等专科学校学报，2013，30
　　（2）：12-14，18.

［8］刘珂. 再论羌绣的起源［J］. 艺术评鉴，2016（6）：47-49.

［9］焦虎三. 古代植棉史与羌绣起源关系的研究［J］. 西昌学院学报（自然科学版），
　　2015，29（3）：93-96.

［10］何光伟. 羌绣起源小议［J］. 档案博览，2013（25）：121-122.

［11］吉洪娟. 羌绣民俗手工艺品的文化内涵及其旅游开发对策［J］. 出国与就业：（就业教育版），2010（24）：93-95.

［12］原研哉. 设计中的设计［M］. 朱锷，译. 济南：山东人民出版社，2006.

［13］康镇. 羌族服饰特点研究解析［J］. 环球人文地理，2016（20）：100.

［14］邓涵璐. 羌族服饰图案在现代数字插画中的应用研究［J］. 西部皮革，2019（20）：32.

［15］沈雷，许静. 羌族刺绣图案题材及民族文化内涵分析［J］. 艺术百家，2011（z2）：52-54.

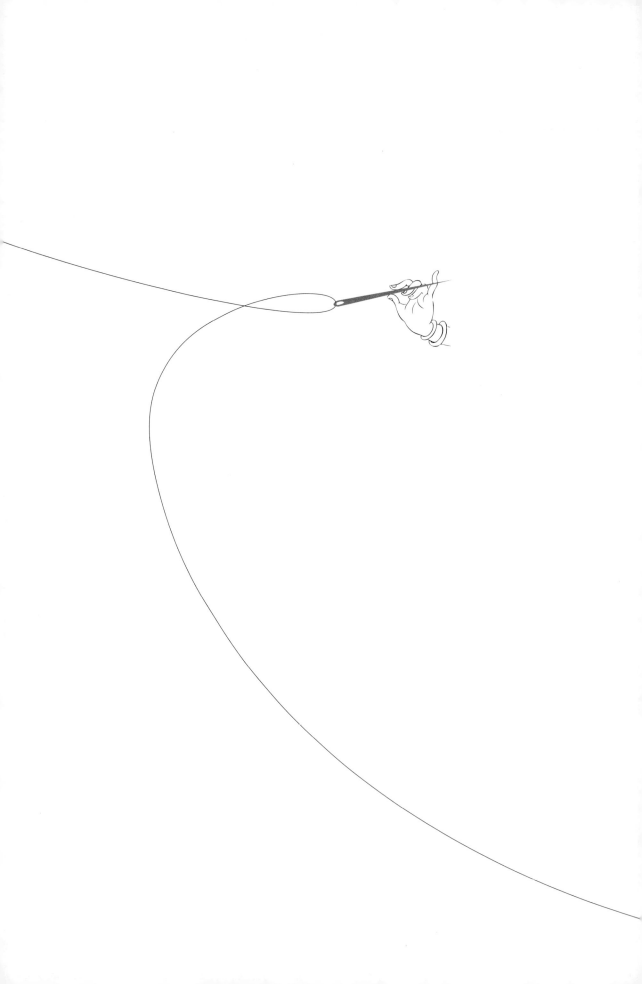

传统服饰中的"文质彬彬"造物思想

刘群，吴杰

（成都纺织高等专科学校，四川成都，611731）

摘要：中国传统服饰蕴含着丰富的造物思想，在造物实践与价值标准的均衡中，始终贯穿着"文质彬彬"的造物观。以古代相关典籍和文献中的理论、观念和传统服饰工艺实践为研究基础，从服饰形制、色彩、纹饰及质料四个方面进行造物理念的解读，以此发掘传统造物的思想源泉，找出造物艺术中存在的规律性。

关键词：文质彬彬，传统服饰，传统造物思想

"质胜文则野，文胜质则史。文质彬彬，而后君子。"语出《论语·雍也》，《辞海》中解释为"文"，文采；"质"，实质；"彬彬"，谓配合适宜。孔子所讲"文质彬彬"，指只有内外兼修、配合相应，即文质合一，才能成为"君子"。虽讲的是道德修养，但关涉形式与精神的相互关系，包含了丰富的传统造物意蕴，在服饰中体现为功能和情感合一，"文"包含服饰的形制、色彩、纹饰及质料等"外在形式"，"质"即服饰以"礼乐"文化为底蕴的隐藏在所创之物中的"内在精神"之间的辩证统一，即"文质彬彬"的造物思想。

一、"文质彬彬"造物思想下服饰形制的解读

在传统服饰的造物过程中，首先考虑实用，《白虎通义》中指出"太古之时，衣皮苇，能覆前不能覆后。"随着人类文明的不断发展，在造物过程中慢慢开始融入自己的精神情感。中国传统服饰基本为宽衣博带的形制，服饰表达以"朦胧含蓄"为美。古人对于服饰的形制观是"衣不露肤""身体发肤，受之父母，不敢毁伤，孝之始也。"社会等级的划分衍生出相应的服饰着装规范，《易·系辞下》中记载："黄

帝，尧舜垂衣裳而天下治，取之乾坤。"这里所指的衣裳已不再是任意披裹形式的衣服了，而是根据对天地的崇拜而制立的具有"文"和"质"的衣裳。

传统服饰形制的确立是在"质"的道德功用下，存在着相对封闭性，大多是以严谨保守的造型出现。从黄帝"垂衣裳而天下治"，结束了史前的围披式，服装以对襟的包裹型、贯头型和披覆型为主，来满足传统的着装需要。这类简单"上下相连"式、"上衣下裳"式的着装形制满足了传统的形制观，一直被后代所沿袭下来。其中典型服饰形制——深衣，下摆制有十二幅，象征十二个月，表现了古人对天时的崇拜；衣服衣领方正，后背中缝竖直，象征君子为人坦率正直，不偏不倚，体现出服饰体系的道德教化作用。历代推崇的袍服（图1），则承袭了"上下相连"式的特征，并在此基础上发展成为连体通裁的服装。经过通裁后，静态下袍服通体丝绦平直，工艺简单，造型舒展、流畅，呈宽博平直的外观，着于身的袍服在行走间流露着优雅的风韵，体现出中正平和的民族风骨，蕴涵了丰富的中华文化精髓。

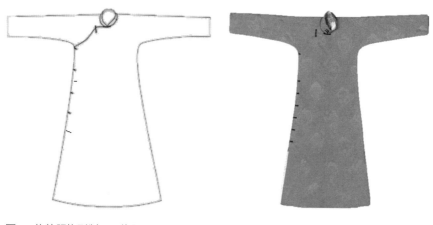

图1　传统服饰形制——袍服

二、"文质彬彬"造物思想下服饰色彩的解读

传统服饰在定型后，在形制上的变化甚微，而在色彩上的审美意识却日趋渐强。在自然界中，色彩本是装饰美化的介质，但在生产实践中渐渐与生产生活及精神世界密切相连，加之传统的社会等级制度复杂、严谨，服饰色彩渐渐被赋予服装标识的作用，具有尊卑、贵贱等级的不可混淆的色彩意义。

儒家思想极度推崇五色体系，《周礼·考工记》记载："画缋之事，杂五色……青与白相次之也，赤与黑相次之也，玄与黄相次之也。青与赤谓之文，赤与白谓之章，白与黑谓之黼，黑与青谓之黻，五采备谓之绣"，青、赤、黄、白、黑五色称为正色，被用在正式场合，历代帝王的服色也正取自这五色。商周时期设立了冠服制度，还配置"司服"的官职执行帝王的冕服制度，逐渐形成了"王者改制，必易服色"的舆服制度。根据舆服制度，社会各阶层按照社会等级的不同，其冠冕、服饰、配饰等的款式和颜色皆有不同，如若僭越了舆服制度就是违法，会被处以劓刑。"黄色"作为皇权的专用色，是在唐代的舆服制度中确定并延续到明清时期的。

传统社会正是用这些传统色彩划分社会的等级地位，用色区分尊卑贵贱，更进一步地在色彩审美中引入"比德"的概念，以"文"的形式保持"质"的纯正性，影响了数千年来章服的审美取向。这种将颜色人格化的思想，使得色彩除了表现出原生的感染力，更具备了深层次的内涵，即人品与美德也决定了色彩之美。

三、"文质彬彬"造物思想下服饰纹饰的解读

传统服饰上的纹饰是在原始巫术、图腾崇拜、长期的社会生活中，不断的生命意识活动中，通过情感传递不断模拟演化的产物。传统的纹饰观需做到"图必有意，意必吉祥"，服饰上多姿多彩的传统纹样在形制中注满内容，包含着对美的追求，对生命的敬畏。

传统服饰使用刺绣纹样，最初的用途都是减少磨损增加衣服的牢度，随着社会发展，纹饰关乎社会的伦理和审美，成为提高服装之间的辨识度的载体。历代帝王冕服，上面需要绣绘十二章纹，遵循特定的标准和制度，不可随意更改。这些图案有日、月、星辰、龙蟒、鸟兽等传统文化中有祥瑞寓意的载体，不只是装饰和美化，更具有深刻的意义。明代为明辨官阶而出现的"补子"，有圆形及方形之分，圆形补子为王室成员所用，方形补子为文武官员所用，文官用飞禽图案（图2），武将用走兽图案，补子上所不同的绣纹样是区分官职品级的主要标志，更是身份的象征。

限于认识层面的认知，民间更为普遍地将愿望寄

图2　明代四品文官坐像
（来源：《中国织绣服饰全集》）

托在特定的纹样上。民间纹饰题材更为丰富，造型更为多样，透露着强烈的民俗情怀和审美趋向。做给爱人的胸兜多以戏曲、神话、传说中的爱情故事为题材，"龙凤呈祥"意"情长"、寓意吉祥，"鸳鸯、蝴蝶"成双成对；孩童的服饰中则以"虎、虎吃五毒、莲（连）生贵子"等护生、繁衍的主题为内容，寓意多子多孙，表达中国人对延续香火的祈盼与祝福，对后代无限的爱与期待；"鸳鸯戏水"：夫妻恩爱、白头偕老；"蝙蝠（五只）"：取其"福"意，五福临门；"稻穗"：寓意五谷丰登、国泰民安……都传达出劳动人民对美好生活的向往。

伴随着社会历史的发展，在传统服饰中的零部件也被赋予了更深层次的审美及文化内涵。比如衣领的演变，衣领是否存在装饰，有无领缘，是否带有花纹，逐渐成为一种区分阶级和场合的特征，也赋予了衣领审美以外的穿衣文化。

四、"文质彬彬"造物思想下服饰质料的解读

传统服饰的质料主要有麻、丝、毛、棉、葛等天然纤维，为了适应天气时节的变化，驱寒避暑，配合不同款式需求，会选用不同质地的面料。但传统社会等级制度森严，章服制度事无巨细地规定了上至天子权臣、下到平民百姓的穿着，服装的材质使用也受到了严格控制。各类织物被应用在不同层次的人群和各样的穿着场合，上层社会使用高档奢华的丝质面料讲求稳重华美，底层平民只能穿粗制的棉麻类服装注重厚重质朴。

服装上的装饰材料也是按照阶级有诸多限制，如南宋时："第三品以下，加不得服三镇以上、蔽结、爵叉、假真珠翡翠校饰缨佩、杂采衣、杯文绮、齐绣黻、镝离、裆袍。第六品以下，加不得服金镔、绫、锦、锦绣、七缘绮、貂豽裘、金叉环钼、及以金校饰器物、张绛帐。第八品以下，加不得服罗、纨、绮、縠，杂色真文。骑士卒百工人，加不得服大绛紫襈、假结、真珠珰珥、犀、玳瑁、越叠、以银饰器物、张帐、乘牸车，履色无过绿、青、白。奴婢衣食客，加不得服白帻、茜、绛、金黄银叉、环、铃、镝、钼，履色无过纯青。"材料作为服装的三要素之一，直接关系到造型特征和使用价值。传统服饰质料受到制约，但服饰的制作及选择仍遵循"文"和"质"的统一。

中国有礼仪之大，故称"夏"；有服章之美，谓之"华"，服章之美俨然裁天划地，缝合乾坤而成衣，中缝垂带，人道正直。早在造物之初，"文质彬彬"的内涵就

在传统文化的土壤中生根、发芽，并随着造物过程而成长，对我国传统的造物实践产生了不可估量的影响，构成了我国传统服饰造物思想的重要组成部分。

参考文献

［1］汪受宽. 孝经译注［M］. 上海：上海古籍出版社，2007.

［2］阮元. 十三经注疏［M］. 北京：中华书局，1998.

［3］何伊莎. 华夏魂，汉服情——汉民族传统服饰的形制与文化研究［D］. 长沙：湖南师范大学，2016.

［4］高松，罗慧，马佳宝. 京剧服饰文化的新媒体视觉形象设计研究［J］. 美术教育研究，2017（23）：62-63.

［5］沈约. 宋书［M］. 北京：中华书局，1974.

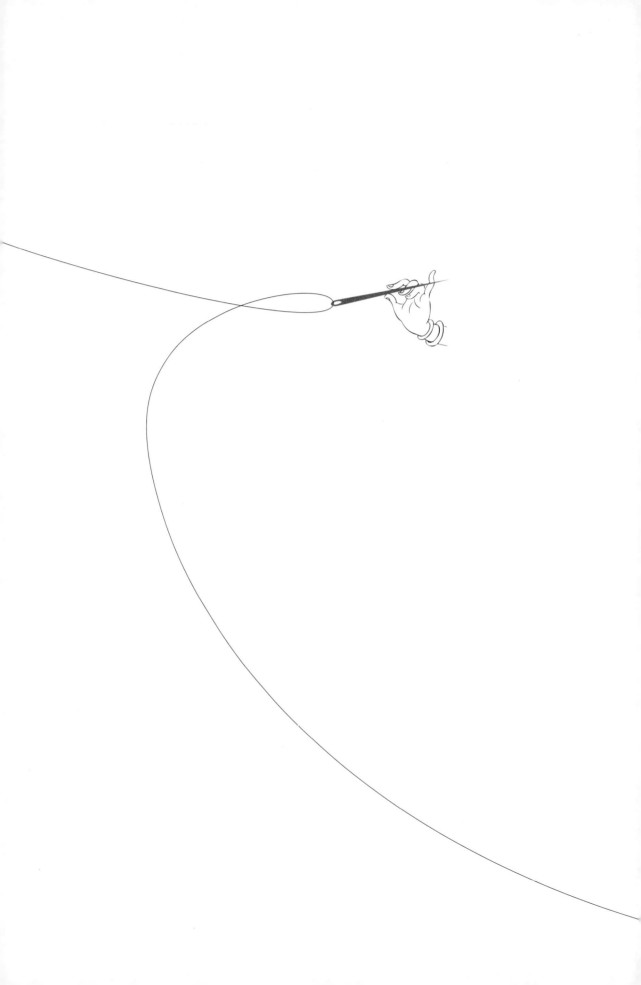

四川省纺织非遗服饰与蜡缬研究——以苗族为例

唐莹，李梦香

（成都纺织高等专科学校，四川成都，611731）

摘要： 四川境内少数民族众多，拥有着大量灿烂的民族服饰文化。苗族作为一个在四川少数民族占比相对较高的民族也拥有灿烂的服饰文化。四川境内的苗族先民以其智慧与劳动创造了艳丽多彩的苗族服饰，无论是色彩、面料、工艺，还是款式都对现代服装有着极为珍贵的借鉴意义，值得人们去传承发扬。其中最为重要的是其传承千年的非遗蜡缬技艺。蜡缬是各地苗族服饰制作中的一个重要技艺，本文将以四川境内苗族服饰为切入点，详细介绍苗族蜡缬技艺，并从传承和发展的角度分析传统蜡缬技艺在现今社会中的实际运用。

关键词： 四川苗族，苗族服饰，蜡缬技艺，传承与发展

一、研究背景与研究目的

民族文化的传承与发展是新时代文化发展的一个重要课题，而服饰文化又是民族文化的一个重要组成部分。在各民族中，苗族分布区域广且分散，服饰文化各具特色。

本文旨在以四川境内的苗族服饰和苗族蜡缬工艺为主要研究重点，介绍四川境内苗族服饰文化发展历程及其色彩纹样制作上的特点，分析其内涵，在此基础上，参照现代其他民族服饰的传承创新方式，力求促进四川苗族服饰的创新性转化和传承发展。

二、四川省内苗族服饰的形成

（一）四川境内苗族概况

苗族历史悠久，是过着迁徙生活的民族。其族人散布在世界各地，国内主要小聚

居于黔、湘、鄂、川、滇、桂、琼等省区，国外主要分散于东南亚的老挝、越南、泰国等国家。根据历史资料文献记载，苗族祖先居住于国内黄河中下游地区，最早可以追溯到蚩尤时代，直到"三苗"时代（4000年前居住于东部地区的苗族先祖）又迁移至江汉平原，后又因战乱纷争等原因，逐渐向西南方向大迁徙，后期逐渐进入西南山区直至世代扎根云贵高原。

（二）服饰形成的历史因素

苗族起源于长江地区，苗族祖先经历涿鹿战败后，退隐江淮地区至五溪地区，问鼎中原无望。商周时期新"三苗"部落由于地势凶险交通闭塞，受中原汉族文化影响较少，较为完整保留了本民族的风俗文化。随着苗族从中原地区向西南方向的迁徙，使其本民族的服饰艺术融入西南地区地区的特色，包容性变强。公元前221年，秦始皇统一中国，其中一部分苗族开始与华夏民族深度融合；另一部分则陆续向南移居。而后由于朝代更迭、战乱影响，苗族人民继续迁移，逐渐形成现在绚烂的苗族服饰文化。

（三）服饰形成的政治因素

18世纪开始，清朝政府大刀阔斧推行"改土归流"相关政策，这一政策导致苗族的服饰男女差别加剧。当时主流文化审美开启了苗族服饰变革的序幕，不管是细节装饰，还是廓型款式，甚至整体色彩风格都有很大的改变，例如女性服饰——细节领口、下摆、衣襟等增加装饰裤多层加宽绣花；整体裙装变裤装；色彩由深邃、浑厚的幽黑、石青、朱砂红逐渐被素净、文秀的靛蓝、桃红、鸭黄、杨柳绿代替。综上所述，这一变化是其他民族和苗族服饰交融发展的结果，对苗族服饰的传承和发展有积极作用。

（四）服饰形成的文化因素

苗族具有悠久的历史文化，也是中国最古老的少数民族族之一，他们的文化传承并不依靠文字（直到现在苗族还不具有本民族特有的文字），而是依靠他们特有的民族语言——古歌、史诗、传说故事等传承。苗族社会始终是一个追求自由精神境界的平权社会。历史上，由于地理位置的原因，以汉文化为主的外族文化对其影响较小，由此苗族服饰保留了大量的传统文化基因。

三、四川苗族服饰特点介绍（以四川珙县苗族服饰为例）

（一）服饰款式分析（以珙县王武寨为例）

居住在四川珙县王武寨的苗族妇女头部包裹着特色花纹的头巾，整体形状呈现出

M状，外再裹上一层白色帕从而将头巾固定于额头处，上穿左襟花纹齐胯上衣，下穿蓝色蜡缬百褶裙，腰间系着花围裙与炫彩飘带，脚上缠绕黑色布裹脚（图1）。近年来王武寨苗族妇女的头饰已逐渐由头巾头帕向珠帘式改变，缠黑色裹腿亦改为穿黑色紧身棉毛裤王武寨式服饰，是珙县苗族的标志性服饰，流行于珙县和兴文玉秀等地。

图1　苗族传统服饰

（二）服饰纹样分析

珙县苗族纹样多种多样，知名度最高最有特色为铜鼓图纹（图2）。铜鼓是苗族最传统的乐器之一，同时也是集礼器、重器于一身，富贵与权利的象征。珙县苗族的蜡缬纹样、造型时常有铜鼓的影子。传统的铜鼓纹样包括太阳纹、同心圆纹、瓜米纹、圆带纹、锯齿纹、螺旋纹、山纹、纺车纹、云纹、雷纹、鸟纹、虫纹、蝴蝶纹、花瓣纹等图案，以上这些也都是珙县苗族蜡缬常见的纹样。在历史的长河中，这些铜鼓纹样传承至今，保留了大量图腾式山地文化特色，有的则受汉族影响较多的区域，其铜鼓纹样中增加了鱼纹、蛙纹、豆纹等图案，这和汉族图案中多子多福的文化寓意一致。

图2　苗族铜鼓纹样

（三）服饰色彩分析

珙县苗族服饰的色彩体现了色彩鲜亮、

多元化的特征，其服装无论男女老少都以蓝黑色为主色调，间以紫色，再用少量的红、黄、白等色彩作为配色点缀（图3）。

图3　四川珙县苗族服饰

四、苗族服饰非遗蜡缬技艺介绍

（一）蜡缬起源

蜡缬又称蜡染，其技艺历史悠久。历史上关于四川苗族蜡缬起源广为流传的版本为一首动人的苗族古歌：很久以前有个名字叫月爽（音译）的苗家少女，于梦中遇见漫天的花蝶、蜜蜂自由飞舞满园，少女手持撑天伞浪漫吟唱，载歌载舞，其苗族衣裙不小心沾染蜂蜡，耳边听到百花仙子耳语，于是回家放置于兰草制作的蓝靛中浸染，后入沸水去蜡，呈现出蓝底白花的图案纹样，形成寓意幸福安乐美丽的嫁衣。自此，蜡缬万古长青，流传千年，影响至今。

（二）蜡缬特点（以珙县蜡缬为例）

1.实用性

珙县苗族蜡缬纹样设计大多以实用性为目的。蜡缬是一种平面2D造型，其创作题材无论是抽象的几何纹，还是具象的鼓纹，既受到实用性的限制，又具有美好的寓意。

2.包容性

珙县苗族蜡缬不但具有本民族特有的纹样，后期也吸收其他民族的吉祥纹样，呈现出不同民族之间的文化交流与融合。

（三）蜡缬制作

1.蜡缬工具

蜡缬制作工具比较简单，主要有蜡锅、蜡刀、熨石、案板、染缸、清水锅等（图4）。

图4　蜡缬工具

2.蜡缬工艺

流程：小火→锅中熔化蜂蜡→鹅卵石碾布→蜡刀绘图→靛蓝染布→煮沸去蜡→清洗→晒干。

手绘蜡缬一般没有固定的图案和花样，蜡缬艺人在脑海中构图，用蜡刀蘸着蜡汁，在不借用标尺工具的情形下绘制图案（图5）。染色前，需要将染缸中染料调成所需的颜色，如深蓝、天蓝、浅蓝、青灰、深灰等，然后将绘好画的布投入染缸渍染。去蜡这一步比较关键，需要将布料渍染后用清水反复冲洗，再放入锅中用清水煮沸，等到蜡熔化后，捞出清水清洗，这样图案才能色彩分明，显出花纹。

图5　蜡缬制作

五、四川苗族服饰及蜡缬的现代传承及发展

（一）传承人介绍

1. 罗文芬

女，苗族，四川宜宾兴文县人，自幼跟随长辈学习苗绣，经苦心钻研，对苗绣愈加热爱，成为一名苗族服饰非遗传承人（图6）。2019年，罗文芬代表兴文县参加了"首届中国西部（兴文）新苗装设计大赛"，与全省各支参赛队角逐。为了设计出新苗装，她顶住压力，熬夜无数，在那段最难熬的日子里，她一直前行，没有放弃。她说："当时抱着不管是否得奖，我都应该把兴文苗族服饰带上更大舞台的心态，一直坚持了下来。"她的作品里出现较多的江河、火莲花、蝴蝶等纹样，现今又加入了新元素、新花纹，也创新了短款苗族上衣、下裙。

图6 罗文芬

2. 熊宗会

珙县苗族蜡缬传承人，7岁便跟随祖母、母亲以及姐姐们学习苗族蜡缬、刺绣等，10岁时，就能独立完成一件刺绣作品，并初步学会具有珙县特色的苗族蜡缬技艺（图7）。数年间，作为传承人的熊宗会不断挖掘、创新蜡缬技艺。她将传统蜡缬的布料换成了棉布并重新设计了小蜡刀，便于刻画更加细腻丰富的图案；将传统

图7 熊宗会（右）

的明火熔蜡锅改为小巧易携带的电控熔蜡器。其作品既保留了苗家文化的图案和符号，又符合现代的审美喜好。熊宗会在传承蜡缬的同时，又赋予其时代的特色。

3. 王力洪

女，四川宜宾珙县罗渡苗族乡王武寨村人，国家级非物质文化遗产苗族蜡缬技

艺传承人（图8）。从16岁起，师从珙县地区苗族蜡缬艺术的泰斗黄贵芬。她在绘图的时候一般不打样，也不用圆规和直尺，只凭自己的构思和经验绘图，这样，每一匹布都是独一无二的。在几十年的蜡缬人生中，她为四川宜宾珙县、云南昭通威信县等地苗族同胞蜡缬百褶裙料近1000米，将具有罗渡乡地方特色的苗族蜡缬工艺发扬光大。

图8　王力洪大师及其作品

（二）蜡缬技艺在现今服饰制作中的传承与发展

当今社会，蜡缬工艺受现代工业化影响，应用市场变窄，现在大多蜡缬产品是以地方特色工艺品的方式存在于市场，反响平平。近些年随着中华民族自信的提高，服装设计师将自己的设计灵感与传统文化结合已经成为一种风潮，但是现在市场上的蜡缬产品依旧存在二者结合水土不服或者传承创意设计不足等问题。如何更好地传承和发展，使这一传统技艺能在21世纪继续有效传承、良性发展，是服装设计师需要思考的问题。

六、总结

传统文化是设计师重要的设计灵感来源，民族文化复兴的当下，基于消费者个性化需求和民族自信，艺术家在进行蜡缬创作时不仅要继承传统，还要结合现代流行时尚，推陈出新，将传统文化与现代时尚审美创意有效结合，只有这样才是对传统的民族蜡缬技艺的最好保护，才能让蜡缬技艺走得更远。

参考文献

［1］郎维伟. 四川苗族社会与文化［M］. 成都：四川民族出版社，1997.

［2］杨永华. 四川苗族风俗［M］. 成都：成都时代出版社，2013.

［3］周莹. 蜡去花现：贵州少数民族传统蜡染手工艺研究［M］. 北京：中央民族大学出版社，2013.

［4］伍新福. 中国苗族通史［M］. 贵阳：贵州民族出版社，1999.

［5］吴晓东. 苗族图腾与神话［M］. 北京：社会科学文献出版社，2002.

［6］王华，张春艳. 中国西南少数民族蜡染纹样的比较研究［J］. 纺织学报，2016，37（4）：101-106.

浅析羌族服饰图案文创设计

王双

（成都纺织高等专科学校，四川成都，611731）

摘要： 羌族服饰发展至今，作为国家非物质文化遗产，是传统文化的精髓，也融合了部分其他民族优秀的文化元素。羌族服饰图案历经千年的吸收与演变，聚着羌族人民对自然的热爱和对信仰的追求。在"民族风""国潮"的席卷下，羌族服饰图案作为羌族的独特标识，也要寻求新的传承创新与发展。

本文对羌族服饰图案展开研究，深入剖析羌族服饰图案作为纺织非遗优秀代表在文化创意产品设计中的运用案例，旨在为羌族服饰图案与文化创意产品设计的结合提供新思路，以此推动非物质文化遗产羌族服饰的传承与发展。

关键词： 羌族服饰，图案，文创

一、羌族服饰图案概述

（一）羌族服饰图案的历史渊源与文化内涵

羌族过去作为游牧民族，迁徙频繁，对周边民族文化的涉猎较广，使得其服饰图案的跨度广泛，羌族服饰常常让人眼前一亮，除了整体的造型结构外，羌族服饰图案起着至关重要的作用。羌族服饰图案是历代羌族人民从生活、生产中逐步提炼而成的，记述和表达了其民族传统文化，极具装饰性及审美性，图案大多色彩丰富，是羌族文化代代更迭、薪火相传的证明。

（二）羌族服饰图案的色彩搭配

羌族服饰图案中，彩色图案的色彩十分华丽，在整套服装中起着装饰作用。羌族服饰多选用黑、白、红、蓝等纯色作为底色，刺绣图案则多采用彩色丝线，选择明亮鲜艳的色彩运用在图案上，并不会显得突兀❶。大多数配色大胆的羌绣图案源自羌族人民的日常生活，丰富的色彩运用能造成强烈的视觉冲击，表现出羌族人民热情积极的生活态度和审美观念。云云鞋就能很好地表现出羌族的色彩搭配美学。

素色图案则颜色单一，多为蓝底白线或黑底白线，年长者多有穿着，比起装饰性，更重视这类图案的实用性。

（三）羌族服饰图案的造型特征

羌族服饰图案的造型形态多变，从自然界中提取出来的、经抽象处理的各类单个图案，在羌绣中多以几何构图的形式进行运用。其表现形式，并非对自然元素的直接运用，更像是将自然事物或信仰进行抽象、重组，再通过刺绣艺术性地表现出来。

羌族服饰图案由单独纹样、连续纹样、适合纹样等方式构成，图案虽然繁复绚丽，也能从中找到其规律性的构成形式。

（四）羌族服饰图案的分类

1.植物类

植物类图案主要是花草树木及瓜果，饱含着羌族人民对自然的赞美和热爱，其中以牡丹最为常见，常同动物纹样中的凤凰一起出现。

2.动物类

动物类图案多采用意象手法，羌族服饰图案中的动物形象大多活泼生动，包含着健康平安、阖家幸福等美好寓意。常见的动物类包括鹿、仙鹤、松鼠、鲤鱼、喜鹊、鸡、兔子、蝙蝠等。

3.图腾类

图腾类图案包括羊角纹、日月星辰纹、云纹、火镰纹、云纹、卍（万）字纹、回纹等。这些图案源于羌族人民对自然、对宗教的崇拜，他们信仰物有灵，崇拜天地万物，向往美好生活，希望得到神灵的庇佑。

二、文创产品设计与非物质文化遗产羌族服饰

（一）市场现有文创产品的市场现状

市面上的文创产品不在少数，呈现出逐年上涨的趋势。文创产业与旅游业的关系

❶ 郑强. 羌绣图案形意解构及其在家纺设计中的应用研究［D］. 重庆：西南大学，2020：10.

紧密，融合程度深。但民族文创类产品主要作为旅游类产品出现在景区，销售情况并不算好。

（二）现有文创产品存在的问题

历经千年的洗礼沉淀，无论是中华传统文化本身，还是其背后承载的历史内涵，都意味深远。文创产品的发展是大势所趋，必须推陈出新、符合时代发展潮流，但市场上还存在很多问题。

1.文创产品同质化严重

市面上大部分所谓的文创产品还停留在书签、贴纸、印花抱枕等物件上，产品重复，设计上千篇一律，改动较小，没有竞争优势。

2.文创产品受众小

有创新、有设计的文创产品毕竟是少数，售价也相对高昂。且文创产品根植于特定文化，无形之中缩小了受众范围。

3.文创产品缺乏文化内涵

羌族优秀的服饰文化没有在文创产品上得到很好的运用，羌绣工艺也没有与产品很好地融合，整体设计以图案的简单运用为主，缺乏文化内涵的呈现。

（三）羌族服饰图案在文创产品中的成功案例分析

杨华珍是羌族挑花刺绣工艺的国家级非物质文化遗产传承人（图1），她的作品多取材于羌族人民平时的生活场景，在她意识到非遗IP化能带来巨大的经济效益与市场价值后，她开始寻求传统羌绣元素与品牌结合的文创之路，如下文提到的几个案例。

图1　杨华珍

1.植村秀与潮牌Stayreal中的羌族服饰图案

2014年，彩妆艺术大师植村秀的同名品牌与杨华珍合作，跨界融合中国传统文化中的羌绣图案，羌绣限量版的洁颜油及文身贴应运而生，同时，潮牌Stayreal也将同款羌绣纹样应用在了其服饰上（图2）。

在这里值得一提的是，文身贴和包装是对羌族服饰图案的直接运用，洁颜油瓶身上的图案选自羌族恣意绽放的茶花，取"生生不息"之意（图3）。

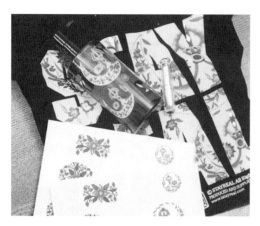

图2　羌绣×Stayreal联名产品　　　　　　　图3　植村秀洁颜油

2.羌族服饰图案×星巴克

2015年，美国连锁咖啡公司星巴克与杨华珍合作设计了黑底白线、图案为白色山茶花的羌绣版"星享卡"（图4），这张卡片的图案为"万物载灵"山茶花[1]，设计中颇具羌绣特色，将刺绣特有的肌理感表现了出来。同时，在配色上运用了羌族传统的素色服饰配色，黑底白线，更显简洁。

图4　星巴克羌绣版"星享卡"

3.羌族服饰图案×梵高博物馆

2019年，位于荷兰阿姆斯特丹的梵高博物馆将杨华珍创作的《五十六朵花》

锦绣非遗
纺织服饰文化研究

---

❶ 吴志维.杨华珍：让藏羌绣走向世界舞台［N］.成都日报，2019-07-08（12）.

图案（图5）与香水瓶、口红、纸巾等产品相结合，推出了系列富有羌族特色的联名产品（图6、图7）。

图5　杨华珍作品《五十六朵花》　　　图6　梵高博物馆香水瓶　　　图7　梵高博物馆口红

在《五十六朵花》这幅作品里，不仅仅是对羌族服饰图案的简单运用，她用一根藤蔓串联起五十六朵花，意为"五十六个民族五十六枝花"，代表着祖国各民族间团结和睦。从杨华珍的成功中，我们也能深刻认识到，文创产品必须根植于文化，好的文化能促进文创产品的发展。

4.羌族服饰图案×COLORKEY

2019年，美妆品牌COLORKEY推出限量版礼盒（图8），其图案源自杨华珍的羌绣作品《十二月花》（图9）。就整体而言，COLORKEY品牌并没有进行更多的设计，也没有在包装上强调羌族图案的字眼。但《十二月花》绚丽的色彩能让人一眼就分辨出，这是羌族的图案。同《五十六朵花》这幅作品一样，《十二月花》的灵感源自羌族人民在围裙上绣的分别代表每个月份的花朵图案，象征着安泰吉祥，也代表着羌族人民对生活的热爱与追求。

图8　COLORKEY潮出羌调限量版礼盒

图9 杨华珍作品《十二月花》局部

三、对羌族服饰图案相关文创产品的几点设计思考

（一）立足羌族文化内涵

图案，是文创产品设计的立足之本。有民族特色和文化印记的独特图案，正是民族文化IP化不可或缺的一部分。羌族服饰图案大多带有特有的工艺细节和肌理，更是包含着优秀非物质文化遗产内核。故在提取运用羌族服饰的传统图案时，必须设法保留其文化内核，提取出最能代表羌族传统文化的图案造型，迎合时代潮流的同时，保证羌族服饰文化的传承。

（二）设计定位

1.产品定位

民族服饰本来是小众的，但民族文创产品的出现让民族服饰有了走进大众视野的机会。羌族服饰图案本身用色大胆，不俗的撞色设计也十分符合现在年轻人的审美追求，可以将羌族服饰图案相关的文创产品定位在有设计感的大众化产品上。

2.人群定位

文创产品本身针对的消费人群相对小众，其消费者大多带着"文艺青年"的标签。加上羌族服饰图案带有明显的民族印记，会使得其消费人群更加小众。可以将目标人群定位在18～45岁这样一个年龄跨度稍大、能够灵活使用网上购物软件、有一定审美能力和购买能力的消费人群。

（三）羌族服饰图案文创产品的设计原则

1.实用性原则

重视目标人群的需求，将羌族服饰图案应用于实用性强的载体上。现在少数民族区域的旅游文创产品，多是挂饰摆件、传统工艺品，或者直接售卖民族服饰，这样的

"旅游纪念品"可以用来观赏和纪念，却不能满足现在节约型社会人们的使用需求。相关羌族文创产品的设计也必须以目标人群为中心，以其需求为导向，可以将羌族图案与日用品类载体结合，以更实用的创新设计拓宽羌族服饰图案相关文创的市场空间。同市面上的其他产品相比，文创产品常常强调便携性，现有羌族产品大部分在景区售卖，羌族文创产品的便携性正好能够满足游客购买易携带纪念物的需求。

2.创新性原则

羌族文创产品不能生搬硬套传统的服饰图案，羌族服饰图案种类丰富，可以通过夸张、对比、提炼、重构、连续等方式，对图案本身进行创新性设计❶。其载体不必拘泥于摆件、挂饰，应结合消费人群的日常使用需求，在产品结构、尺寸、材料等方面进行创新。

3.经济性原则

羌族图案多采用羌族刺绣工艺，人工成本高昂，制作时间较长。针对大众化的文创产品，应该通过机织、印花、小面积手工等手段尽可能地缩减成本。除去羌绣图案造价高昂的人工刺绣，提取其图案中最具辨识度的羌族元素，同样能够达到传承羌族文化的目的。

4.装饰性原则

在创作与羌族服饰图案相关的文创产品时，既要保留其文化内涵，只要强调装饰性和设计感。尤其是羌族服饰图案中的结构、色彩、肌理、组成等本身就颇具美感，灵活运用从图案中提取的元素，与产品载体和谐统一，使其具有实用性的同时，满足装饰性需求。

（四）羌族服饰图案在文创产品中的应用构想

以羌族服饰图案中的羊图腾为例。

羌族的"羌"字由上羊下人构成，从汉字的结构上能够看出古羌族人戴羊角的习俗，崇拜羊图腾的信仰也是从古羌族流传至今。现在羌族子孙成年行加冠礼的时候，脖子上会带上牡羊线，表示同羊成为一体，平安长寿❷。

下面是整个创新设计流程。

---

❶ 韩尧，庞力源.羌绣在文化创意产品设计中的应用研究［J］.工业设计，2020（6）：151-152.

❷ 郑坤.以羌族产品设计为例探讨区域特色文创产品之研究［D］.成都：四川师范大学，2018：11.

1. 元素提取

羌族服饰中羊图腾的造型非常常见，羌族的标志性图案非羊图腾莫属。从图10中也能看出，羊图腾并非写实图案，羌族人将羊角抽象为卷曲的如意状，羊嘴部分抽象为十字太阳标志，整体呈爱心状。在这里，选择将刺绣图案转变成像素风格的图案进行拓展。在保留最核心图案元素的同时，采用现在流行的像素风让图案更清晰、时尚（图11）。

图10　羌族羊图腾图案　　　　　　　　图11　羌族羊图腾图案元素提取

2. 色彩搭配

羌族服饰图案的色彩对比强烈，给人以极强的视觉冲击。其配色带有鲜明的羌族色彩。设计文创产品时，参考借鉴其配色，能够很好地传达出羌族文化特色，抓人眼球，增加文创产品的记忆点。

笔者的此次设计保留其色彩特征，以黑色为底色，图案整体多用红色、粉色，点缀色为黄色和蓝色。同时，在保留图案整体形状的前提下尝试各种配色。若希望产品更加大众化，可以通过降低明度的方式，使配色整体变暗，降低色彩带来的存在感。设计采用黑白灰的经典配色，一定程度上减少了视觉上色彩的冲突（图12～图14）。

图12　色彩搭配1　　　　　　　　　　图13　色彩搭配2

3.造型设计

（1）整体运用：多考虑图案的排列组合。可以是单个的图案，整个图案相对鲜艳，在素色底色下能够突出图案，如之前梵高博物馆推出的系列香水，就是对羌族服饰图案的整体运用，可用于丝巾、抱枕、T恤LOGO等。也可以是进行二方连续、四方连续等操作后形成的规则图案，以此作为背景纹样使用，在纸胶带、信笺纸、便利贴、手账本等物品中非常常见。

图14　色彩搭配3

对羌族传统图案的直接运用，应满足该图案符合现代审美且具有艺术价值的前提。如图15所示，将像素化后的羌族服饰图案作为一个整体，运用在丝巾上，该丝巾作为发带或是系在包上都非常亮眼，能够直接突出图案本身。

图15　丝巾设计（笔者绘制）

（2）局部运用：考虑到所提取的羊图腾图案视觉中心较强，将其作为局部点缀，在文创产品中会是点睛之笔。如图16所示，在以素色为底色的羌族麻布绣花包袋上，色彩艳丽的羌族花朵纹样非常吸人眼球，既保留产品本身的简洁，又恰到好处地突出重点。图案成为整个产品的视觉中心，人们的视线会落在图案上，有效推动羌族服饰图案和羌族文化的传播。

图16　羌族麻布绣花包

参考上述设计，笔者对普通的笔记本及文创产品包装进行了拓展延伸设计。如图17所示，笔记本整体采用了灰色，将提取出来的羌族服饰图案作为花边放在笔记本封面，仅作为点缀存在，不会过于显眼，又能达到丰富整体的目的。如图18所示，在文创产品包装的应用上，选择了整体与局部的组合运用，在产品本身比较单调的情况下，通过腰封的设计使产品增色。

图17　笔记本设计　　　　图18　文创产品包装设计

4.材料选择

对于需要整体使用图腾的产品，选择棉、麻、纸张这类能够印花的材料，因为整体图案结构复杂，印花能最大限度地节约成本，且能保证批量生产。对于局部运用图腾的产品，机器刺绣能够使产品更精致，增加其附加值，虽然不是手工刺绣，但也能对羌族刺绣工艺有所传承。

5.推广方式

现在已经是信息化的时代，不能简单地把产品摆在景区，电商模式亟待推广。

（1）打开知名度：需要将羌族文化品牌IP化，品牌可以通过自媒体进行宣传，尤其在短视频时代，拍摄成本低，传播速度快，是羌族品牌发展的好时机。且可以在多个电商平台销售，没有地域限制。

（2）营销到位：一般可通过直播带货、微信社群营销等方式，还可以顺应现在的热点，引进羌族"盲盒"的概念，吸引消费者。

（3）紧跟政府政策支持，同当地博物馆、书店等进行合作。

四、结论

羌族服饰图案是历代羌族人民从生活、生产中逐步提炼而成的，其造型结构、配色寓意传递了其民族传统文化，极具装饰性及审美性。将羌族服饰图案应用到文创产品中，既能提升文创产品的附加值，又能使羌族传统的工艺、文化得到推广。

本文对羌族服饰图案在文创产品市场中的已有成果进行整理归纳，提出羌族服饰图案在文创产品中的设计应用构想。在对羌族服饰图案的设计应用时，以羌族崇尚的羊图腾为案例，在元素提取上，以国潮风格为切入点，将提取的羊角元素抽象为像素风格的图案；在色彩搭配上，调整羌族传统色彩的明度，既保留传统色彩的特征，又迎合时代审美；在造型设计上，通过对羌族服饰图案整体与局部的组合运用，突出产品设计重点。

羌族文化品牌IP化势在必行，只有将羌族文化形成品牌，重点推广，才能使羌族文化更广泛地传播，增强其在大众心中的认知和关注。羌族服饰图案可以通过变换其载体或再设计的方式顺应时代潮流的发展。

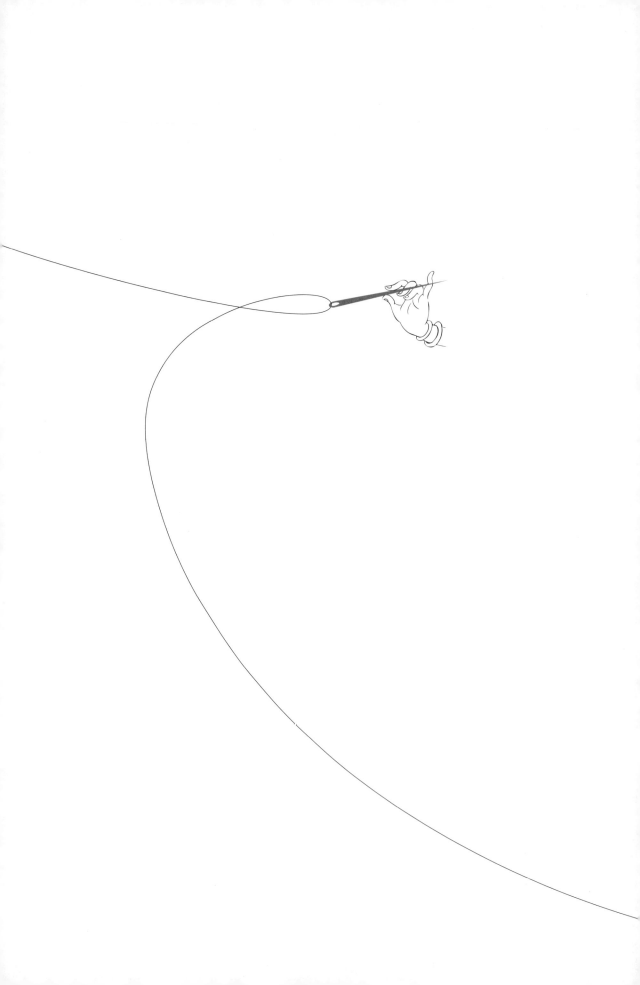

纺织非遗在职业教育中的传承与创新——以四川凉山彝族服饰为例

钟慧

（成都纺织高等专科学校，四川成都，611731）

摘要：彝族人口众多，历史悠久，彝族传统服饰丰富多彩，随着社会经济的发展、传统生活方式的改变，彝族传统服饰文化面临技艺失传的境地。2014年，彝族服饰作为民俗类保护项目被列入国家级非物质文化遗产代表性名录。作为国家级示范高等职业技术院校，成都纺织高等专科学校弘扬优秀传统文化，以民族振兴为己任，将纺织非遗融入纺织服装专业学生的培养方案中，对提升学生的美学素养与动手能力起到了较为明显的作用。本文以彝族服饰为例，系统分析、总结教学效果，探讨彝族服饰在职业教育中的传承与创新。

关键词：彝族服饰，传承，创新

彝族人口众多，凉山彝族自治州是全国最大的彝族聚居地。彝族文化艺术源远流长，凉山彝族服饰有别于其他地区的彝族服饰，有着鲜明的地域特征和民族特性。2014年，彝族服饰作为民俗类保护项目被列入国家级非物质文化遗产代表性名录，保护单位为昭觉县文物管理所和楚雄彝族自治州文化馆。

随着社会发展、人们生活方式的改变，彝族女子不再从母亲那里学习纺线、织布、染布、绣花和制衣等传统技艺，彝族服饰的面料如今采用工业染色剂染色，远不如植物染色剂染得柔和，很多工序由机器替代，色彩、纹样、材质变化很大，缺少传统服装的韵味、独特性和美感。当前，传统彝族服饰制作技艺正在慢慢消失，为传承弘扬优秀传统文化，学校开设了一系列民族服饰课程，从理论研究到实践操作，把非遗传承与创新植入职业教育中，让彝族服饰文化走向世界、走向未来。

一、凉山传统彝族服饰概览

（一）地理气候环境

凉山彝族自治州位于四川省西南部。地势西北高，东南低，北部高，南部低，属于亚热带季风气候区。彝族人民爱养羊，自古以来彝族女性擅长用纺锤纺羊毛线，用腰机织羊毛布，彝族男性则擅长擀毡。

自然环境和生产条件造就了传统彝族服饰的典型代表——擦尔瓦，即羊毛制成的披肩。凉山有各式各样的羊毛披肩，羊毛擀毡而成的披肩在彝语中被叫为"加矢"，羊毛纺线织布缝制而成的披肩被叫为"瓦拉"。披肩可以挡风遮雨，在早晚温差大的时候也便于穿脱，夜晚可作为被子，深受彝族人民的喜爱。

（二）凉山彝族服饰分类

凉山彝族服饰古朴典雅，男性服装凝重大方，女性服装色彩斑斓、图案生动、工艺细致、手法多样，充分体现了凉山彝族人民质朴、厚重、宽博的审美情趣。凉山彝族服饰按照方言区，分为三大方言区服饰。

"依诺"方言区，俗称大裤脚地区，主要包括昭觉、美姑、雷波、甘洛等县。男子服装以裤脚宽大为特点，观之如裙。四川省博物院展示的彝族男裤即属依"诺方"言区。男子穿上后显得尤为粗犷、英武、有气势。男子上衣紧身、窄袖，袖口门襟均有纹饰。女子荷叶帽为生育过后的妇女所戴。儿童戴的鸡冠帽，帽身满绣蕨苃纹，在彝族传统文化中，雄鸡和蕨草都有驱邪的功能，蕨草还有生命力旺盛的象征意义，如图1所示。

"圣扎"方言区，俗称中裤脚地区，包括喜德、越西、盐源、冕宁、木里等县。男服裤脚宽约60～100cm，虽较"依诺"式大裤脚为窄，但仍观之如裙，有端庄、典雅、高贵的特点。女子上衣窄细，袖口窄小，其饰花多以色布镶嵌鸡冠纹、窗格纹、火镰纹为主，独有底襟绲以大块蕨苃纹花样，配色偏好蓝、绿冷色调配色，如图2所示。

"所地"方言区，俗称小裤脚地区，因男子所着裤脚小而得名，主要包括布拖、普格、金阳、会理、会东、德昌等县。"所地"彝族服饰风格尤为浓郁，如图3所示。女子头顶的高帽原是中老年妇女佩戴，现在年轻女子着盛装时在上面缀满银饰，称作银冠。

图1 "依诺"服饰　　　　图2 "圣扎"服饰　　　　图3 "所地"服饰

二、传统服饰在彝族人民生活中的现状

（一）彝族人民现代生活中的服装穿着情况

在日常生活中，偶尔能见老人身着传统彝装，其他人大多穿着更易于获得的普通商品化服装，但在火把节或者婚丧嫁娶等重要日子，彝族的男女老少都会穿上传统彝族服饰相聚在一起，热闹非凡。

（二）彝族服饰在现代社会中的生产情况

服装生产尚未市场化的时候，彝族男人和女人有着明确的分工。男人负责畜牧，采集处理羊毛，擀毡。女人负责纺线、织布、剪花、刺绣，缝制一家人的衣物。传统彝族服饰的制作手艺是通过母亲手把手教会女儿，一代一代传承。随着社会的发展，彝族年轻女孩大多选择外出求学或就业，调查发现，只有40岁以上的彝族妇女还懂得传统技艺，她们的下一代懂的人就非常少了，传统彝族服饰制作技艺将面临失传的境地。

现代彝族服装多是由专门的彝族服饰店制作生产，质量参差不齐。设计美观、质地上乘、采用天然纤维面料、手工刺绣的彝装价格较高，满件绣花的上衣、手工捏褶的羊毛裙售价数千元，而化纤面料、机器刺绣的彝装价格低廉，缺少传统民族服装的韵味和美感。

三、彝族服饰在职业教育中的传承与创新

如何让更多的年轻人了解彝族服饰文化，设计制作满足市场需求的民族服装？成

223

都纺织高等专科学校服装学院将纺织非遗融入服装专业学生的培养方案中，探索出了一条理论研究与实践操作相结合的彝族服饰传承与发展的新途径。

（一）开设"四川纺织非遗鉴赏"理论课程

"四川纺织非遗鉴赏"理论课程主要介绍四川省纺织非遗主要项目，包括蜀绣、扎染蜡染、羌绣、彝族服饰、藏族服饰和藏族编织等内容。其中，彝族服饰部分从理论方面让学生了解彝族服饰、彝族刺绣与彝族毛纺织擀毡技艺，这三者都体现了彝族优秀传统文化，属于国家级非遗保护项目。通过教学，让学生了解彝族传统服饰文化，有效提高其对彝族传统服饰文化的感知能力和艺术修养。

（二）开设"中国传统手工技艺"实践课程

"中国传统手工技艺"实践课程包含扎染、彝族刺绣、盘扣、蜀绣等传统手工艺的实践教学，是成都纺织高等专科学校服装学院服装专业高级定制方向的必修课和服装其他专业方向的选修课。其中，彝族刺绣部分主要讲解凉山彝族刺绣针法，包括盘线绣、布条绣、马牙绣以及贴布绣。学生除了学习制作传统彝绣产品外，还需要结合彝族刺绣工艺设计制作一些适合大众的手工艺产品，如提包、发饰等，如图4所示。

（三）通过教学相长提升学生毕业设计综合能力素养

毕业设计是学生将三年所学的理论与实践知识的综合应用。学生根据自己的兴趣和擅长，选择不同的项目组，对纺织非遗感兴趣的学生一般会进入非遗项目组，在不同老师的指导下完成非遗项目的传承和创新设计。

图4　三角包

在成都纺织高等专科学校开展纺织非遗教学活动的初期，毕业设计非遗项目组开展了对藏族、彝族、羌族和苗族少数民族服饰的研究，笔者指导学生以复原彝族服装为主。学生通过学习苏小燕老师所著的《凉山彝族服饰文化与工艺》，积累理论知识，并在四川省博物院调研彝族服饰实物，分析它们的材质、款式、结构、配色和手工装饰技艺，在此基础上复原了第一代彝族服装。图5中的三套服饰注重色彩款式和结构上的传承，装饰手法采用了现代机织花边。图6展示了对昭觉女装的复原，采用传统手工彝绣工艺。

图5　2015年毕业秀上的彝族女装　　　　　　　　图6　昭觉女装复原（一）

　　为进一步了解彝族服饰文化，提高学生制作彝族服饰的技艺，笔者多次到凉山彝族自治州开展田野调查，收集了羊毛披毡、口弦琴、各种彝族绣片小样，在课堂上展示给学生，让他们真实感受彝族文化的魅力。为了让彝族学生传承本民族服饰制作技艺，笔者鼓励学生在毕业设计中设计制作凉山各地典型彝族服饰，包括昭觉、美姑、盐源、布拖和越西等县各式彝族服饰，如图7、图8所示。

图7　布拖男装复原　　　　　　　　　　　　　图8　越西女装复原

　　2018年10月，学校邀请彝族服饰国家级非遗传承人贾巴子则教授剪花、捻线、贴花、刺绣等传统工艺，开展传统彝族刺绣培训，这次培训对师生的传统手工技能有很大提升，传习作品质量也越来越好，如图9～图11所示。

图9　布拖女装复原　　　　图10　昭觉女装复原（二）　　　图11　昭觉女装复原（三）

在做好传承的基础上，非遗项目组还要做好创新设计。彝族传统纹样深受欢迎，但是沉重的服装不适合日常穿戴，设计出既有彝族文化内涵又时尚轻便的服装是当前的创作方向。基于这样的诉求，学生设计制作了以西昌月亮城为元素的创新彝族时装，因彝族尚黑，用黑色作为服装的主色调，以少量白色打破沉闷，将彝族的传统纹样与月亮主题结合，进行变形设计，采用彝族传统的贴布绣工艺，用白色半透明纱增强服装的层次感，如图12所示。

图12　创新设计《诺合·曲诺》

（四）通过学习交流开展创新设计

成都纺织高等专科学校注重师资培养，笔者作为学员参加了国家艺术基金资助项目"凉山彝族服饰手艺传承创新人才培养"培训班，以彝族传统史诗《雪子十二支》为灵感，结合传统彝族刺绣工艺，设计并制作了系列服装作品《雪子十二支——蓝》并参加了培训成果展，如图13所示。

笔者作为研培教师参加了由教育部主办、成都纺织高等专科学校承办的"彝绣创新设计与产品开发普及培训班"，非遗学员们带来了传统手工技艺，教师提供设计、材料、结构、工艺指导，师生合作开发新产品。一针一线创造美好，来自会东县的潘发绣设计制作了《拨动时光的琴弦》。来自昭觉县的彝绣剪花老师阿甘以她喜欢的彝族歌曲《太阳是我们的金耳环》为灵感，设计制作了一件特别的披风。来自马边县经营彝族服饰店的两姐妹设计制作了《金索玛和银索玛》，如图14所示。学员展示了传统手工技艺，学习了高效率的生产技术和创新的思维方式。

图13　参展作品《雪子十二支——蓝》　　图14　《金索玛和银索玛》

（五）民族服饰陈列馆与数字化陈列馆建设

为进一步加强民族服饰的研究与传承创新，学校修建了四川纺织非遗陈列馆，展示了藏族、羌族、彝族等少数民族服饰实物，包括具有代表性的传统民族服装和优秀的学生传习作品。四川纺织非遗数字化陈列馆也在建设中，陈列内容包括传统的图片、文字、视频资料和当下流行的3D建模，多角度展示祖国优秀的传统文化。

四、结语

非物质文化遗产是中华优秀传统文化的重要组成部分，是中华文明绵延传承的生动见证。职业院校在非遗传承保护中发挥了重要作用。将纺织非遗融入纺织服装专业学生的培养方案中，是培养彝族服饰专门人才之有效途径。基本思路是由美育鉴赏类课程引发学生兴趣、通过服装专业课程打好基础、结合彝族传统手工技艺实践提升动手能力，最后让学生在毕业设计、各类比赛中综合应用所学知识技能。作为职业院校服装专业的教师，只有不断学习实践与创新，才能把非遗传承落到实处，当好学生的引路人。

参考文献

[1] 苏小燕. 凉山彝族服饰文化与工艺 [M]. 北京：中国纺织出版社，2008.

[2] 瓦其比火. 彝裳之梦——凉山彝族服饰手艺传承创新人才培养成果集萃 [M]. 北京：民族出版社，2022.

[3] 凉山州文化局. 凉山彝族民间美术 [M]. 成都：四川民族出版社，1992.

[4] 刘瑞璞，何鑫. 中华民族服饰结构图考：少数民族编 [M]. 北京：中国纺织出版社，2013.

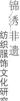

纺织非物质文化遗产人才培养探索与实践

李蓉

（成都纺织高等专科学校，四川成都，611731）

摘要： 非物质文化遗产是一个国家和民族历史文化成就的重要标志，中国纺织非物质文化遗产（以下简称"纺织非遗"）是中华优秀传统文化的重要组成部分，是需要华夏子孙合力践行的使命。诚然，对于纺织非遗的保护和传承来说，代表性传承人所发挥的作用固然重要，但仅依靠师带徒、长传幼的传统承袭方式和作坊式的操作模式显然已是杯水车薪，当下纺织非遗保护和传承所面临的人才凋敝、传承主体转型困难、产业化不够、市场化不足、科技含量较低、时尚设计欠缺等问题。因此，亟须大力发挥职业教育在人才培养、科技研发和产教融合领域的优势，探索和创新织非遗人才培养，切实推动织非遗的保护与传承。

关键词： 纺织非遗，职业教育，人才培养，探索与实践

"十四五"开局，中共中央办公厅、国务院办公厅出台《关于进一步加强非物质文化遗产保护工作的意见》（中共中央办公厅、国务院〔2021〕24号），国家文化和旅游部印发《"十四五"非物质文化遗产保护规划》（文旅非遗发〔2021〕61号），中国纺织工业联合会拟定《纺织行业"十四五"发展纲要》，国家主要领导人也曾多次针对非物质文化遗产保护工作作出重要指示批示，纺织非遗的保护和传承对于服务国家战略、满足人民追求美好生活的愿望，甚至对于人类和谐与可持续发展都有着不可替代的重要作用。相传，中国传统桑蚕丝织技艺始于四川盐亭县的嫘祖养蚕缫丝，她让人类告别了树叶兽皮遮体的洪荒时代，穿上了代表文明与礼仪的真正意义上的衣裳，既是中国农耕文化的重要标志，也是人类改造自然并与自然和谐共生的典型代表，成为人类文明历程的重大发明创造之一。纺织非遗历经千年岁月洗礼，传承至今，我们既欣喜，也为其困境忧虑，如纺织非遗事业面临着基础性信息与研究较为薄

弱，传承人队伍存在断层现象、产业化、市场化实力不强、科技融入较少、产品设计研发不足等问题。要解决以上问题，人才是关键，纺织类职业教育在纺织非遗人才培养上具备得天独厚的优势，理应承担起纺织非遗人才培养的社会责任。

一、纺织非遗概念简介

《非物质文化遗产蓝皮书：中国非物质文化遗产保护发展报告（2018）》将纺织类非物质文化遗产的主体表现形式分为四大部分："以苏绣、湘绣、蜀绣、粤绣以及少数民族刺绣为代表的刺绣技艺；以蚕丝织造、棉麻织造、云锦织造等为代表的织造技艺；以蓝印花布、少数民族蜡染、扎染等为代表的印染技艺；以内蒙古、苗族等少数民族服饰以及内联升千层底布鞋制作技艺等为代表的服饰技艺"。

二、纺织非遗传承人困境

从五批已公布的国家级非物质文化遗产代表性项目来看，纺织类非遗所占比例近16%，体量不算小，但是相应的传承人却是寥寥可数。"十三五"期间，中国纺织工业联合会对中国纺织非遗资源进行了调研，对国家级、省级代表性传承人的队伍情况进行了考察，结果显示，纺织非遗资源主要分布在少数民族和欠发达地区，区域发展不平衡，传承人队伍断层，纺织非遗人才培养问题突出。

（1）传承人总量少、结构断层、老龄化问题突出。民间愿意师承纺织非遗传承人的弟子越来越少，让纺织非遗传承人丁凋敝，青黄不接，部分技艺甚至面临无人可继的尴尬境地，大大影响了可接受的传承人数量和能传播的范围。

（2）传承人负担重，特别是在少数民族和欠发达地区，大多数土生土长的民间纺织非遗传承人生活条件艰苦，基本生活得不到保障，常常为生活奔波忙碌，筋疲力尽，对于非遗技艺的传播、传承和发展是心有余而力不足，加之纺织非遗产业发展不足、销售渠道不畅，特别是一些民间的老艺人，生活负担过重。

（3）缺乏专业人才，对非物质文化遗产的传承其实是一项非常专业的工作，即使纺织非遗传承人也需要专门培训，纺织非遗传承和保护需要有专门机构统筹推进，而目前纺织非遗人才培训渠道较窄，范围亟待扩大，传统的师徒传承模式也需要改革创新。

锦绣非遗 纺织服饰文化研究

三、纺织非遗人才培养

不管是民间美术类、传统手工技艺类还是民俗类的纺织非遗，都具有共同的特点——实践性，这与职业教育特点不谋而合，所以职业教育理应承担纺织非遗人才培养的责任。早在2017年3月，由中华人民共和国文化部、工业和信息化部、财政部联合制定的《中国传统工艺振兴计划》（国办发〔2017〕25号）就明确提出，要发挥高职院校在传统技艺、传统文化传承发展中的服务和促进作用，"支持具备条件的职业院校加强传统工艺专业建设，培养具有较好文化艺术素质的技术技能人才"，"鼓励代表性传承人参与职业教育教学和开展研究"。国内多所纺织类职院校已经开展了相关工作，如湖南工艺美术职业学院成立了专门的湘绣艺术学院；浙江纺织服装职业技术学院教师张剑峰师承国家级蓝印花布传承人，带团队、建工坊、赋能乡村振兴；南通纺织职业技术学院建成南通仿真绣传承基地，成立庄锦云刺绣设计工作室；成都纺织高等专科学校设蜀绣专业，聘请国家级蜀绣传承人授课，建蜀绣博物馆等。

人才培养的三大核心要素：师资、课程及平台。要培养好纺织非遗人才，纺织类职业院校必须针对以上要素开展教育教学研究和实践，以问题为导向，需求为指引，探索纺织非遗学科化建设，创新纺织非遗人才培养途径，建设服务于纺织非遗技艺传承与发展的教育体系。具体可以从以下几个方面着手。

（一）建立多方配合的师资队伍

纺织非遗传统大师带徒授艺。作为大国工匠，纺织非遗大师，特别是国家级大师代表着这类项目的最高技艺水平，同时还拥有勇于创新、甘于奉献的精神以及精益求精、追求卓越的职业素养，无可厚非是纺织非遗人才培养的"第一人"。但是传统作坊式的口传身授模式受众太少，远远无法满足现代人才培养需求。特别是当下纺织非遗所面临的诸多困境，仅凭大师之力实难解决，需要整合教育（特别是职业教育）、行业与企业多方资源。高职院校在专业建设、基础研究、科技研发等领域具有优势，行业专家适时了解产业发展，企业专家对市场及商品具有敏锐嗅觉，大家各司所长又互通互融，建设一支"专家＋学者""大师＋教授"的师资队伍，形成育人合力，共同推进纺织非遗人才培养。

（二）构建模块化课程体系

课程体系建设和培训包开发是纺织非遗人才培养的关键环节，必须以需求为指引、问题为导向，重实践，具有可操作性，符合职业适应性，同时，还要注重非遗的文化传承、技艺的工匠精神等显著思政特征，所以纺织非遗的课程既需要借鉴职业岗位课程设置的经验，又需要有针对性地进行创新发展。作为西南地区唯一一所独立建制的纺织类高等职业院校，成都纺织高等专科学校（以下简称"成都纺专"）在纺织非遗人才培养方面积累了可供借鉴的经验。成都纺专将纺织非遗技艺创新与文化创意融入纺织服装专业教学，开设刺绣设计与工艺专业，构建文化传承创新的"非遗＋时尚"三模块课程体系，即：岗位基础＋人文素质模块（非遗文化课程）、专业核心能力＋工匠精神模块（非遗技艺传习课程）、职业素质＋创新能力模块（文化创新课程）。除此以外，还开发了非遗文化等通识课程、10门刺绣课程、10余门民族服饰课程，用于非遗社会培训，校内、校外教育培训同时抓，实施分层分类人才培养，并积极探索课程资源的数字化。

（三）搭建多方协同的育人平台

要实现纺织非遗学科化建设、促进纺织非遗产业化发展、提升纺织非遗人才培养质量、增强其职业适应性，除了需要多元强大的师资团队、独具特色的课程体系外，多方协同的育人平台也是不可或缺的，它是教与学的有力支撑，也是检验人才培养质量、推广人才培养成果的重要渠道。同样以成都纺专为例，学校发挥专业建设优势和办学资源优势，搭建起了"政府主导、行业指导、学校主体、企业参与"的"四联动"非遗技艺传承创新平台，争取到郫都区、对口扶贫色达县等地方政府的支持，联合中国纺织工程学会、成都市服装协会等行业协会，与四川大学、四川蜀锦研究所等教育科研机构合作，成立了成都市蜀绣产业技术创新联盟、蜀锦织造技艺联盟，建设了色达藏羌技艺展示馆、蜀绣研究中心、明清家具博物馆、西南少数民族服装服饰展览馆、蜀锦传习所等，它们一方面作为纺织非遗育人的场所，另一方面也是纺织非遗保护和传承的研究机构、展示传播的窗口，实现了"政、校、行、企"四方资源共享、人员互通、项目共建、人才共育。

四、结语

将非遗技艺融入专业人才培养是非遗传承最根本的途径和最有效的保障。"十四五"期间，纺织非遗人才培养需要加快步伐，纺织非遗人才培养需要进一步，多层级、分门类地开展，加强培养基础与应用研究人才，全面培养传统工艺技能人才，加大创新型人才培养力度。同时，进一步扩大基层非遗传承人群的知识和技能培训，提升非遗传承人素养，壮大纺织非遗人才队伍。此外，将高职院校资源与广大的社会资源结合，拓宽纺织非遗人才培养渠道和范围，在人才培养课程设置和培训包研发上再下功夫，深挖纺织非遗文化，更多地运用数字化手段，加强传统纺织非遗与现代时尚的融合，促进纺织非遗产业化进程，提升纺织非遗可持续发展的能力，切实为纺织非遗保护和传承贡献力量。

参考文献

［1］宋俊华. 非物质文化遗产蓝皮书：中国非物质文化遗产保护发展报告（2018）［M］. 北京：社会科学文献出版社，2018.

［2］吴萍等. 纺织类非遗大师工作室与高职服装人才培养的耦合机制研究［J］. 教育园地，2020（9）：160-162.

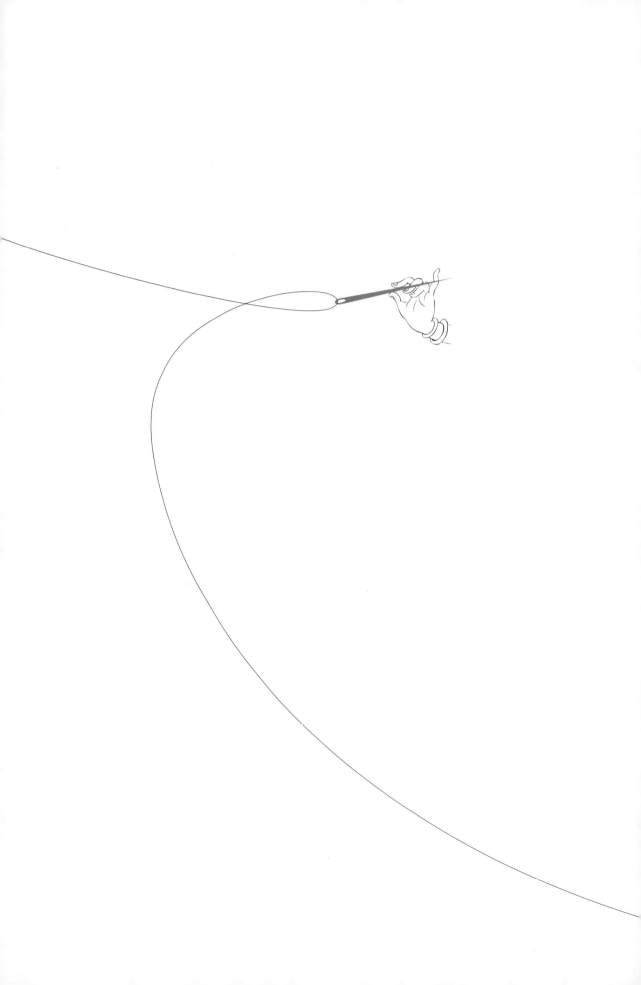

基于PEST-SWOT模型的旗袍可持续性发展策略研究

秦诗雯，杨沁，刘志龙

（成都纺织高等专科学校，四川成都，611731）

摘要：人类文化遗产的可持续性传承发展是建立在尊重文化载体的内涵和特征之上，以保护文化的原真性作为主旨，进行合乎伦理的文化遗产开发和利用。本文对旗袍的学术研究进行了检索，梳理了旗袍背后的文化脉络，对现存的三家百年旗袍传承主体进行了案例调研，基于PEST-SWOT模型提出了4类16个决策子方案，致力于推动旗袍在社会层面的可持续性传承发展，供当代旗袍文化传承主体参考。

关键词：非遗，新青年，旗袍，PEST-SWOT模型

一、研究背景和目的

旗袍作为中国女性服饰史上最具代表性的服装之一，曾一度引领时代审美。关于旗袍的研究一直以来都是服装相关领域的热门话题，在学术界以包铭新教授为代表的旗袍的历史研究，以刘瑞璞教授为代表的旗袍的结构制板研究，以龚建培教授为代表的旗袍的图案纹样研究等，从各个维度对旗袍和旗袍背后的文化进行了进行探索。旗袍曾一度是中国时代青年的时尚单品，它不仅仅是一种服装形式，更是一种文化符号，彰显了历史上时代青年们对外来文化的理解与吸收，因此对于旗袍的研究不能局限于产品范畴，还应该关注背后承载的文化。文化的传承是离不开传承主体，因此帮助传承主体在时代中找准定位能推动旗袍的可持续发展。本研究从旗袍当下的传承现状出发，致力于推动旗袍在社会层面的传播，让旗袍文化在时代背景下准备新的定位和发展方向。

二、研究路径及方法

本文通过文献研究、历史分析识别旗袍文化的原真性特征，基于PEST-SWOT模型对营利性传承主体进行了案例调研和论证分析，归纳了百年老店的传承痛点，形成了4类16个可持续性发展的决策子方案，对未来非遗文化与人民生活相融合、与产业相结合有现实性意义，也对于后期政府的扶持与引导有参考性价值（图1）。

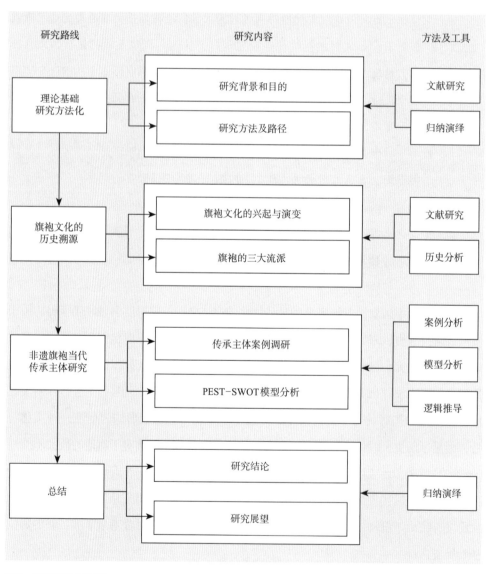

图1　研究路径及方法

三、旗袍文化追本溯源

（一）旗袍文化的兴起与演变

旗袍在中国社会的广泛流行和民国时期的新思潮运动有着密切的关联。中国自古以来女性服装多采用"上衣下裳"的形制，但随着新思潮运动的深入，青年女性的独立意识开始觉醒。1942年，张爱玲在英文月刊杂志《二十世纪》月刊上发表的《更衣记》中写道："五旗共和以后，全国女子突然一致采用旗袍，倒不是为了效忠于满清，提倡复辟运动，而是因为女子蓄意要模仿男子。"对当时新青年女性穿着旗袍的"初心"进行了很好的解释。

知识女青年群体作为先锋代表掀起了"女扮男装"的流行风貌，即穿上宽大的男子长袍，以此来彰显女性的权利，反映了时代女性渴望解放、渴望自由、渴望男女平等的进步思想，旗袍顺势成为知识女青年的流行单品，也是时代女性展示自己独立思想的符号。旗袍在此时的作用不仅是一件服装，更象征着中国知识女青年思想的解放。除此以外，当时的旗袍也深受名门望族们的追崇，就连政界也不乏喜爱旗袍的人士，加之当时的电影明星们也会身着旗袍出镜，报纸上也常出现东方美女衣着旗袍的曼妙身姿，各种选美比赛、时装展览会等媒体渠道均出现旗袍的身影，旗袍很快在社会上形成了自上而下的流行性传播（图2）。

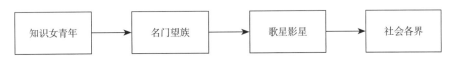

图2　旗袍文化的流行传播模型

回顾旗袍文化从兴起到后期演变的历程，根据各个阶段旗袍文化与外来文化的融合程度，大致可以分为萌芽期、改良期、鼎盛期和淡出期四个阶段。

1.萌芽期（辛亥革命后到民国初期）

该时期的旗袍以两种风貌为主：一种是暖袍式旗袍，采用H型剪裁，与男子的袍服在板型上最为类似，但色彩和纹样上更为丰富；另一种是长衫马甲式旗袍，这种旗袍需要搭配倒大袖衬衫穿着，并在领子和袖边处都进行了更为丰富的设计，比如盘扣的应用，但整体廓型和暖袍式旗袍保持一致（图3）。

图3　萌芽期的旗袍制式

2.改良期（1920～1930年）

随着中西贸易的频繁发生，西方的流行文化开始进入中国，发生了中西文化的融合。此时的旗袍在领子的高低、开衩的高度、袖长袖短等方面都进行了更为激进的改良，原先能遮住手腕的旗袍袖子被缩短至肘部甚至更短，旗袍的廓型从宽松的直筒式开始向贴身式转变。该时期有一种底边被加长到能遮住双脚的旗袍，被称为"扫地旗袍"（图4）。

图4　改良期的旗袍制式

3.鼎盛期（1931～1940年）

发展到鼎盛期的旗袍兼收并蓄了中国传统旗袍样式和西式服装样式，此时的旗袍呈现出两派风貌：一种是清新利落的学生旗袍，基于传统旗袍演化出更为轻便、简洁的设计；另一种是凸显女性身体曲线的S型淑女旗袍，该类旗袍采纳了部分西式服装

锦绣非遗
纺织服饰文化研究

的剪裁思路，融合了国际化的流行元素。此时的旗袍无论在裁法上还是结构上都更加细化，出现了肩缝和装袖，使肩部和腋下部分也更为合体（图5）。

图5　鼎盛期的旗袍制式

4.淡出期（中华人民共和国成立之初）

此时的社会处于百废待兴的重建时期，人民生活的重心从追求衣着之美变成了对革命工作的狂热与激情，旗袍在这样的时代浪潮中被搁置，开始淡出历史舞台。

（二）旗袍的三大流派

经历过四个阶段的演变和发展，如今的旗袍形成了较为系统的三大流派。

1.海派旗袍

海派在早期是一个与京派相对立的概念，演变至今海派一词已然成为上海文化的代名词，成为一种独特的风格用词。海派旗袍因其融合包容的理念、不拘泥于形式的设计、敢于采纳最前端的时尚，在众多风格的旗袍中独树一格，自成一派。

在初期，海派旗袍以长马甲形式出现，这和传统旗袍的相差不大，依旧是平直的造型，在装饰上有着一定的删繁就简，在细节的处理上有了微微的收腰，呈现倒大袖的形态。在清末民初受文明新装的影响，此时的海派旗袍只在上下装存在一定的差异。到30年代后，海派旗袍开始借鉴西方的剪裁方法，出现了胸省和腰省，强调女性胸、腰、臀的曲线造型，同时也通过开刀口的方式来处理预料，这都使旗袍更加合体。40年代的海派旗袍基本定型，呈现X型。这就是我们所熟知的Chinese Dress旗袍，它不仅融合了西方立体剪裁的技术审美，也贴合中国女性的身材，展现出不一样的东方美（图6）。海派旗袍在图案的选择上较为新颖。在吸收了西洋文化以后，格纹、条纹也纷纷出现。各种借鉴西方国家的图案或服装制作者自己制作的图案纷纷被运用到旗袍上。

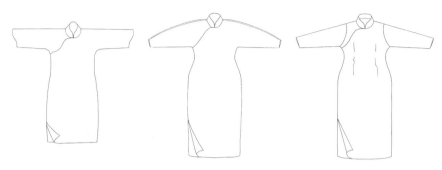

图6 海派旗袍的廓型变迁

2.京派旗袍

京派旗袍相较于海派旗袍在风格上更为矜持含蓄，不显现女性的身材曲线。京派旗袍在清末皇宫中出现，其上的装饰也很繁复，自带宫廷风的京派旗袍虽不时尚却端庄华丽。

京派旗袍在造型上主要是采用胸、腰、臀三点平直的剪裁，不外露曲线，在剪片上也不分前后，比较宽大平直，从而更加完整地传承了传统服饰的做法。在京派旗袍中，对袖长和袍身的长短要求比较严格，要求袖长必须要盖住手臂，袍身也是要必须长过脚踝。在面料的选择上受到京派文化等原因的影响，一般以绸缎为主，凸显了皇家的风范。京派旗袍是传统的、保守的，但其色彩浓郁，明亮华丽，展现出高雅的格调。在图案上的刺绣也异常精巧，京派旗袍侧重于对中国传统文化符号的表现，通过传统纹样，比如花卉牡丹、梅、兰等，很好地传承了中华文化。

3.苏派旗袍

苏派旗袍造型不拘一格，既不像海派旗袍的大胆前卫，也不像京派旗袍的保守传统，而是有着江南水乡独有的精致温婉。

江苏盛产丝绸，所以苏派旗袍的用料也多为优质的软缎、素绉缎等。苏派旗袍的刺绣也是其一大亮点。旗袍上的苏绣精致淡雅、活灵活现，有着江南水乡的风韵。在刺绣图案上的选择更倾向于水墨山水画的意境，多以水乡的景色、花、莲叶、枝蔓等为主。苏派旗袍的刺绣风格与京派旗袍的刺绣风格截然不同。苏派旗袍更加素雅清新，苏派旗袍精致秀丽的绣法是一大特色，苏绣旗袍运用了苏绣中丰富的针法绣出各种图案。在图案的选择上，结合了吴门画派的手绘艺术，将书画之美融入旗袍，使苏派旗袍透露出古典优雅的韵味。传统的苏派旗袍开衩一般为两三寸长，大约是一个食指的长度，尽显含蓄之美。在绲边上，苏派旗袍也很讲究，其颜色采用素色，面料采用最佳的真丝绸缎。精致的绲边配上门襟的变化，别具一番韵味。

四、旗袍当代传承主体研究

（一）传承主体调研

目前旗袍的传承主体大体可以分为非营利性组织和营利性组织，对两大类别的传承主体的传承现状进行分析，对于后期构建可持续性传承有着重要意义。其中非营利性组织主要由政府相关部门构成，比如中华人民共和国文化和旅游部、中国非物质文化遗产保护中心、中国非物质文化遗产保护协会等；营利性组织的形式则较为复杂，其中以小微型企业、家庭作坊、独立传承人等构成。本文以营利性组织作为传承主体的研究对象，对目前市场上的百年旗袍老店进行了个案调研，以呈现营利性传承主体所面临的现实处境。

1. 玉谦旗袍：芙蓉泉畔的百年老店

"玉谦旗袍"创办于清同治年间（1862～1874年），"玉谦旗袍"以缝制长袍马褂闻名，到了同治年间拓展了制作旗袍和四季便服的业务，于家传人凭着精湛的技艺和诚信的为人，在数家旗袍店中脱颖而出，随之誉满泉城。

量体裁衣是"玉谦旗袍"的最大特色。为了尽可能让定做的旗袍合身合体，"玉谦旗袍"在测量尺寸时会采集20多个尺寸，后期扩展到40多个。如今"玉谦旗袍"独创的"经纬立量法"，需要测量60多个尺寸，纯手工制作。时下的第五代传人于仁谦说："中国的传统服装，特别是旗袍，是真正的个性服装，可谓'千人千衣'。"也只有量身定做和纯手工制作才能到达这样的千人千衣风貌。为了让"玉谦旗袍"既传统又新潮，他还借鉴国外新潮款式，将欧式晚礼服的设计，运用到旗袍的设计中，从而使得制作出的旗袍，格调更加高雅，款式更为新颖。2010年10月，"玉谦旗袍"被列入济南市第三批非物质文化遗产名录；2013年5月，被列入山东省非物质文化遗产；2014年3月，被认定为"山东老字号"。

2. 龙凤旗袍：一针一线缝制海派优雅

龙凤旗袍的前身为1936年成立的朱顺兴中式服装店，第一代创始人朱林清确立了完整的海派旗袍制作工艺，并一直遵循手工制作传习至今。现任第四代传承人江满宗表示龙凤旗袍的传承，不仅是手工技艺的传承，也是民族文化的传承。积极参加国际展会；开设"非遗体验课"等公益课程；举行"非遗进校园"活动，一针一线培养年轻传承人。

其独创的古老"弹线法"用于划线制作滚条，这种用固体粉末划线的方法，不会在布料上留下污渍。龙凤旗袍讲究严格的质量控制。裁剪时，由于不同面料，质地、纹理不同，缩水标准有别，如果不注意，成品就可能走形；缝制过程中更有严格工艺标准，比如"寸金成九珠"，就是对手工缝制时针脚提出的要求，做绲边时针脚必须细而均匀，一寸长度里刚好九针；成衣后的熨烫也要达到锦上添花的效果，熨烫温度和力度视面料质地而定，每个接缝都必须熨烫平整。一件普通旗袍需要花费三五千针，如果对图案装饰有所讲究，少不了八九千针。正是这道道工艺针缝制，才令海派旗袍在每个细节上都环环相扣，穿上身也能体现曲线玲珑。

2011年，"龙凤旗袍手工制作技艺"作为中式服装制作技艺的一种，被列入国家级非物质文化遗产名录，2010年参展上海世博会，2011年被列入国家级非物质文化遗产保护名录，2015年代表"海派文化"参加米兰世博会。历久弥新的中华老字号"龙凤旗袍"坚持为喜爱旗袍的人们打造别具一格的"海派时尚"。

3.君临旗袍：飞针走线绝技四代相传

君临旗袍坐落于沙坪坝区天星桥街巷中的旗袍老店，54岁的蒋玲均是第四代传承人。君临旗袍是渝派旗袍传承者，渝派旗袍既有京派旗袍的大气，又有海派旗袍的洋气，是山城人文复苏的载体。为了传播旗袍文化，蒋玲均经常带着团队和旗袍参加国内外的文化活动和优秀创业大赛，对传统艺术进行展览和演说，同时也能吸取创新经验。蒋玲均带领君临旗袍团队不仅在产品层面做创新，也在推广上积极融入互联网，在各大主流社交媒体平台开设账号进行旗袍文化的传播与推广。

（二）传承主体PEST-SWOT模型分析

基于以上对现存的旗袍百年老店案例的调研，运用PEST模型对传承主体所面临的宏观环境进行分析，再通过SWOT模型分析传承主体的特点，发掘其潜力和锚定所面临的痛点（表1）。

表1　百年旗袍店的PEST分析

宏观环境	影响因素
政治	1.习近平新时代中国特色社会主义发展理念 2.2025年全面复兴中华优秀传统文化的主旋律要求 3.2020年颁布的关于推动传统工艺高质量传承发展的通知
经济	1.我国经济从高速增长转向高质量发展阶段 2.通过地方特色产业拉动区域经济的乡村振兴方针
社会	1.中国潮流在消费行业成为有影响力的流行趋势之一 2.地方经济富强美高发展的现实需求 3.国民生活水平提高，对文化消费的需求激增
技术	1.数字互联技术为传播提供了技术保障 2.互联网普及的深入为可持续传承提供了相对公平的渠道

三家百年老店的案例反映了大多数旗袍营利性传承主体目前的市场处境，结合国家对于复兴中华传统文化的时代需求，基于SWOT模型得到以下观点（表2）。

表2　营利性传承主体SWOT分析

SWOT	分析描述
优势	1.拥有精湛的手工技艺且部分为非遗手工艺，是具有不可替代性和稀缺性的资源 2.传承人对于旗袍文化原真性理解深厚，具有传承使命感 3.传承为自发性主动传承，具有长期的稳定性
劣势	1.传承模式老旧，导致传承后备力量数量不充足 2.技艺习得的成本上升，导致缺乏青年传承人 3.传承主体无法承担设计师、制作者、经营者等多种角色
机会	1.全面小康背景下人民对于文化性消费需求的激增 2.工业4.0带来市场对于个性化、差异性产品的需求 3.国家大力复兴中华优秀传统文化的主旋律
威胁	1.工业化廉价复制品，导致部分消费群体流向购买价格低廉的工业制品 2.现代品牌市场化经营策略，导致缺乏经营体系的传承主体面临市场被抢占 3.互联网信息爆炸的市场环境中，旗袍文化的原真性被破坏

PEST-SWOT组合模型通过政治（Politic）、经济（Economic）、社会（Social）和技术（Technical）等外部宏观因素，在优势（Strengths）、劣势（Weakness）、机会（Opportunities）和威胁（Threats）四个方面进行组合，形成4类16个决策子方案，整理如表3所示。

表3　PEST-SWOT模型构建

PEST-SWOT		政治（P）	经济（E）	社会（S）	技术（T）
内部因素	优势（S）	PS	ES	SS	TS
	劣势（W）	PW	EW	SW	TW
外部因素	机会（O）	PO	EO	SO	TO
	威胁（T）	PT	ET	ST	TT

根据"弘扬优势，调整劣势，抓住机会，应对威胁"的原则，结合对营利性传承主体的PEST和SWOT分析，对4类16个决策子方案进行探究，整合PEST和SWOT单一分析方法的结果，得到旗袍非政府传承主体PEST-SWOT分析矩阵如表4所示。

表4　PEST-SWOT矩阵分析

	决策子方案		策略	
PS	符合国家明确2025年全面复兴传统文化的政策导向	顺应国家复兴中华优秀传统文化的主旋律，立足区域市场，从"文化+"角度充分挖掘旗袍的底蕴，以手艺绝技满足市场期待	优势类策略
ES	乡村振兴方针下区域经济的活跃性发展		
SS	旗袍作为非遗服饰拥有社会文化属性		
TS	长期积淀下来的独门绝技让产品具有手艺技术壁垒		
PW	国家关于非遗知识产品的相关保护政策体系不够健全	把握当前良好经济政治形势，树立法规和风控意识，大胆开放应用新材料、新技术、新设计，全方位满足都市人群生活方式以拓宽旗袍产品的应用场景	劣势类策略
EW	传承主体作为传统零售业态进行转型的经济成本较大		
SW	旗袍与现代都市生活场景的冲突性阻碍了部分传统服装的需求		
TW	旗袍对于新材料、新技术的融合更新尚在起步阶段		
PO	2022最新《关于推动传统工艺高质量传承发展的通知》明确了推动手工艺传承发展的具体措施	抓住当前优越的政治环境，把握国家对振兴传统手工艺的支持、社会公众对文化产品和品牌的需求，利用数字互联平台快速发展为营利性传承主体的转型提供了强大动力，集中精力谋发展，让旗袍在新时代得到复兴	机遇类策略
EO	习近平新时代中国特色社会主义经济事业发展稳定		
SO	民族意识觉醒下消费者对文化品牌和产品的消费需求激增		
TO	数字互联技术保障了相对公平的营销和传播渠道		
PT	国家政策导向的变化风险	时刻关注国家政策导向，立足非遗文化板块，讲好品牌故事。加大对于新技术的研究，对于核心手艺的传承与保护，提高产品的设计开发能力，打造市场有需求、消费者有期待、文化有传承的旗袍品牌	威胁类策略
ET	面对大型品牌和大型资本市场的威胁		
ST	区域需求不均衡，不同区域需要不同的应对策略		
TT	日益增加的网络推广、运营、获客成本		

五、策略建议及总结

　　旗袍是中国和世界华人女性的传统服装，也是中国悠久服饰文化中最绚烂的表现形式之一，被誉为"中国国粹"和"女性国服"。旗袍形成于20世纪20年代，曾掀起过广泛的社会流行，成为中国女性人手一件的时尚单品。中华人民共和国成立后，

锦绣非遗 纺织服饰文化研究

百废待兴，旗袍渐渐被冷落。20世纪80年代，随着传统文化被重新重视以及影视文化带来的影响，旗袍逐渐开始复兴，并于1984年被国务院指定为女性外交人员礼服。2011年，旗袍手工制作工艺列入国务院批准公布的第三批国家级非物质文化遗产目录。旗袍承载着中华的穿衣文化，对于推动社会文化的演变有重要的意义。基于上文中归纳的4类16个决策子方案，未来在旗袍可持续性传承上营利性传承主体可从以下三个方面发力，制定适合自己具体业务的推广策略。

（一）关键词：文化＋IP

对于旗袍文化的传播，需要重新讲述旗袍背后的女性独立意识觉醒的故事，打造旗袍文化的IP形象，从而浸润旗袍文化。故事的讲述要以历史书籍为依据，深入民俗地域文化，挖掘老字号，赋予新功能，形成集图文、视频于一体的旗袍文化宣传推广模式，让旗袍从故事里活起来。

（二）关键词：文化＋民俗

一个地区的民众与当地的历史、文化、民俗间有着情感的纽带，当地的风土民俗承载着每个城市的历史，维系着文化的认同。不同的文化，铸就了不同的城市特色，赋予了独特的城市风貌。以"旗袍文化＋民俗"推动文化传承与创新发展，激活文化活力，让旗袍成为城市形象的重要标识，通过"旗袍文化＋民俗"可以成为提升城市形象的路径。

（三）关键词：文化＋旅游

可以通过打造"旗袍小镇""旗袍街区""旗袍民宿"等标志性创意场地，将风土民情融入其中，与实地场景相结合，开启沉浸式的体验模式。把室内未尽之细节外延到室外，与场景和建筑合为一体，提升时代代入感，为其赋予一个与旗袍相关的有趣的历史故事，使旗袍文化变得生动。

参考文献

［1］刘雪梦，计恺豪，洪泓．论民国旗袍的演变与承袭——女性审美的趋向［J］．艺术科技，2020，33（24）：105-106．

［2］汤海英．贵在古而新——苏绣在海派旗袍中的设计表达［J］．艺术科技，2019（16）：11-12，36．

［3］温海英，张军雄．旗袍演变史对现代旗袍工艺与制作的启示［J］．东华大学学报（社

会科学版），2019（2）：158-161.

［4］叶晓莹，陈贤昌. 浅析民国时期的旗袍对现代服装的影响［J］. 艺术科技，2019，32
（2）：127.

［5］王学东. 浅析旗袍之美［J］. 美与时代（上），2018（9）：99-100.

［6］范康宁. 浅析旗袍的发展与演变［J］. 美术大观，2010（10）：76-77.

［7］袁志. 浅析旗袍式样的演变［J］. 大众文艺，2018（13）：89.

［8］朱博伟，刘瑞璞. 旗袍三个发展时期的结构断代考据［J］. 纺织学报，2017，38
（5）：115-121.

［9］孙雪姣，胡迅. 旗袍的继承与创新［J］. 现代装饰（理论），2017（2）：183.

［10］张中启. 丝绸旗袍图案与款式设计分析［J］. 国际纺织导报，2012，40（4）：
47-52.

［11］李宁，张焘. 移动互联网下非物质文化遗产传播困境与创新途径［J］. 大众文艺，
2019（6）：1-2.